インプレスR&D [NextPublishing]

New Thinking and New Ways
E-Book / Print Book

送電線空容量ゼロ問題

電力は自由化されていない

山家 公雄 著

再エネ普及に立ちはだかる系統の制約、
送電線の空容量ゼロはなぜ起きたのか。

系統制約問題を真に解決する「自由化」
「オープンアクセス」「市場整備」とは?

はじめに：主役に躍り出た電力インフラ問題

◆黒子から主役へ

・停電、ブラックアウト、電源喪失

電力は、安定供給が維持されている限り、地味な存在である。スイッチを入れれば当然のごとく利用できるものと思われている。誰が、どこで、何で作ろうが、またどこを通ってこようが気にかける必要はない。これは安定供給が行き渡っているからとも言える。そして特に、送電線、変電所、配電線といった「電力流通設備」は、社会や産業を支える根幹とも言える非常に需要なインフラではあるが、技術的な難しさや情報の少なさもあり、メディアも取り扱いに躊躇していた。

しかし、停電が生じないという神話は崩れてきている。3.11東日本大震災に伴う大停電や、それ以外でも近年、集中豪雨や地震などにより各地で停電が発生している。2016年4月の熊本地震による九州の、2018年9月の台風21号による関西・中部地区の大規模停電、そして北海道のブラックアウトと続いた。9電力体制となって初の、管轄エリア内の電気が全て消失する「ブラックアウト」は衝撃をもって捉えられた。筆者の知人の元電力関係者は「教科書にはあっても起こりえないことと思っていた。」と驚きを隠さない。

「電源喪失」という言葉も、なじみになった。3.11福島原発事故は、電源喪失により炉心を冷やすことができずにメルトダウンに至った。東北電力の送電線が倒壊して「外部電源が喪失」し、津波により自家発電装置が稼働せず「内部電源」が使用不可能となり、「全電源喪失」となった。当たり前であるが、送電線という電力流通設備が壊れると広範囲に大きな影響が及ぶ。今回のブラックアウトでも、泊原発への外部電源が短時間にせよ喪失したが、これは送電線倒壊ではなく送る電気が無くなったことによる。

・九州の再生可能エネルギー出力抑制

九州電力が2018年10月に実施した「再生可能エネルギー（再エネ）への出力抑制」は、連日のように報道された。これは、九州エリア全体の

需給バランスを維持する目的で、供給過剰を解消するために行われた。早い段階で系統に接続した太陽光発電は年間30日あるいは360時間まで、そして、ある時点以降に接続をしたものは無制限で、損失分の補償を受けられない。九電の比較的前向きなスタンスもあり、気象条件のよい九州では太陽光の接続申し込みが殺到し、全て稼働すると需要が少ないときには供給過剰となることが予想された。原子力などベースロード電源を除き、再エネ以外の電源の出力を可能な限り抑制してもなお過剰となる分について、太陽光と風力に抑制を求めた。

・空容量ゼロ問題

ここまで、最近の電力関連の重要なトピックを振り返ってみた。これらに加えて、送電線の容量（キャパシティ）が不足して、再エネを中心に新たに電源開発を計画しても送電線にアクセス（接続）できず、開発が滞る事態、空容量ゼロ問題が生じている。これは、大停電やブラックアウトに比べると衝撃は小さいが、一過性の事象ではなくシステム設計に基づく根の深い問題である。本書は、この問題を中心に取り扱っている。

◆再エネ普及に立ちはだかる系統の制約

最新の第5次エネルギー基本計画（2018年7月閣議決定）では、再エネは「主力電源」に位置付けられた。燃料費ゼロでCO_2を排出しない国産資源であり、最大限の利用が期待されている。この最大限の利用を進める上で、下記の①～③のような系統に関する大きな制約が3つ存在する。このうち本書では、主に②と③を中心に論考を展開している。

・系統制約①:需給バランス維持 －新たに生じた問題

1つ目は、電力の需給バランスが取りにくいケースである。貯めることができない電気の性質から、常に需給のバランスを維持して、周波数、電圧などを一定範囲に収める必要がある。現在日本では、旧電力会社エリア内ごとにバランスを取ることになっているが、特に低需要期に、天候の影響を受ける太陽光や風力の出力が上昇する状況で、供給が需要を上回ることが生じうる。この場合は、出力抑制が必要となる。出力抑制は、再エネ普及を前提としない従来は想定されていなかった。あるルートを流れる量が物理的な容量を超える場合の抑制、停止は想定されており、ルールが存在した。しかし、供給過剰となり需給バランス、周波数維持を守るために出力抑制するルールは今までなかった。

これが現実味を帯びてきて、慌てて対応したのが2014年9月に起きた「九電ショック」である。再エネとくに太陽光の接続申し込みが殺到し、その全てが稼働した場合、供給過剰に陥る断面が生じることから接続受付を留保することになった。その後、無制限無保証での出力抑制を受けることを前提に受付が再開された。供給過剰となる断面での出力抑制を前提とすると、新規開発の接続は可能になる。これは、再エネ出力抑制を避けるあらゆる手を打った後に実施するという前提であれば、やむを得ない手段であろう。

その後、九州だけではなくほかの地域でも同様な状況となった。そして、実際に2018年10月に九州で大規模な出力抑制が生じた。これは、「コネクト&マネージ」の類型と言える。出力抑制(マネージ)を行うことで、接続(コネクト)を認めることになる。

・系統制約②:送電線の混雑対応 －昔からある問題

2つ目の制約は、あるルートを流れる量が送電線の物理的な容量(運用容量と称される)を超える場合に抑制することである。これは世界で一般的に行われており、ルールもある。冗長性の視点から、常時1回線・1変電設備が空く(待機させる)運用をしており(N-1運用と称される)、その前提で容量を超える量が流れる「混雑」が生じる場合は、潮流を制御して混雑を回避する措置が採られる。「制御」方法としては、関連する稼働発電設備の置き換え(Re-Dispatch)、流れを変える装置の設置と運用(Phase-Shift)、出力抑制(Curtailment)などがある。また、送電線の増強投資は、根本的な混雑解消対策である。

「制御」する際は、通常は再エネの出力抑制は最後の手段であり、実施された場合は損失分が補償されるケースが多い。日本でも、ようやく「日本型コネクト&マネージ」を実施し、混雑が発生しうることを前提に制御するルールが整備されつつある。ただし、欧米に比べると、出力抑制に偏重していること、補償がないことなどの特徴がある。この混雑解消のための出力抑制は、まだ新ルールの適用が始まったばかりであり、実施はこれからである。

・系統制約③:送電線の容量不足 －日本に残っている問題

日本では、混雑対策としての「制御」に至らないように、それ以前の段階、水際で防止する対策を採ってきた。これが「先着優先による接続ルール」である。接続済みの発電設備は、稼働前のものを含めていつでも定格（最大）出力にて運転できる権利を持つ。すなわち、原則（稼働前分を含む）全ての既存電源が同時に最大運転しても混雑が生じないように送電容量を維持できる。これに待機用の1回線が加わる。この運用によって、再エネ開発が活発化する中で、空容量は計算上急速に減少し、ついにはゼロになった（エリアが多い）。

これは混雑制御を実施しなくともいいように、接続に厳しい制約を課していたためと言える。その結果、送電線の利用率は低く、インフラの有効利用を妨げてきた。何よりも、再エネ普及の最大の足かせとなった。これが空容量ゼロ問題である。前段の「日本型コネクト&マネージ」はこの状況を打開すべく、ようやく「混雑処理を前提とした接続」に踏み込んだが、「先着優先」原則は残っており、途に就いたところと言える。

・複合要因で生じたブラックアウト

さて、大停電あるいはブラックアウトである。大きな災害により発電設備、送配電設備が同時に損壊する事態であり、発電・流通・需要の各設備のダウンに伴う需給バランスの崩れ、送配電線の倒壊による混雑発生などの複合要因により、停電に至る。北海道のブラックアウトは、発生当時、需要規模の約1/2を賄っていた苫東厚真石炭火力発電所のダウンに加えて、いくつかの送電線のダウンとそれが原因で生じた道東にある水力発電停止などの複合的な要因により、エリア全体の供給力が不足し、周波数が維持できなくなった。基本は供給力過小に伴い需給バランスが崩れたことにあるが、途中では送電線容量不足も生じたと言える。

◆本書の構成

この系統制約問題を扱うため、本書は以下のように構成した。

「第1章　送電線利用制約問題とは何か」は要約であり、本書の最大のポイントである空容量ゼロ問題について、経緯や用語を中心に簡潔に解説する。また同じ流通インフラとして高速道路、ガソリンスタンド（サービスステーション）について例示する。そして、問題の根本的解決には、自由化の基盤であるオープンアクセスが重要であることを説明する。

「第2章　送電線空容量ゼロ問題の経緯と真相」では、空容量ゼロ問題の表面化から大きな社会問題になるまでの経緯として北東北地方の例を示すとともに、実は空いているとする京都大学による調査を紹介する。また、政府などの釈明とそれへの反論も取り上げ、その真相に迫る。

「第3章　日本版コネクト&マネージと北東北募集プロセス」では、「日本型コネクト&マネージ」について解説する。これは、従来の保守的な系統接続ルールをより実態に合わせたものに変え、送電線の有効利用を図るものだ。また、空容量問題の象徴であり風力導入の鍵を握る対策「北東北募集プロセス」についても解説し、日本の送電線整備システムの課題を浮き彫りにする。

「第4章　接続契約を拒否・解消することはできるのか」では、送電線の空押さえ問題について解説する。事業意欲のない業者が容易に接続契約を締結できる、一度契約を締結してしまえば当事者が納得しない限り取り消せないというプロセス上の問題点を指摘する。

「第5章　オープンアクセスと発電自由化」では空容量ゼロ問題の本質を追究する。送電線を利用する権利が、既存契約者と新規参入者とで大きく異なるという現状は、競争政策の面で見過ごせない。この競争基盤の公平化、透明化に真っ先に取り組み、「オープンアクセス」として完成させている欧米の例を紹介し、日本の遅れを示す。

◆本書の目的

本書は、2016年以降、再エネを推進する上での最大の課題として浮上した「送電線は空いていない」とされた問題、電力流通システムに関わる課題について論考を展開している。これについては政府もそれなりに問題を認めて対応策を示している。しかし、まだ対症療法の域を出ておらず、欧米並みのシステムに至るまでには長い時間を要する懸念もある。

筆者はこの問題に関しては、ある意味当事者である。筆者は、再エネ普及が国益であることを長年訴えてきた。また再エネ推進策として、好条件で買い取る固定価格買取制度（FIT：Feed in Tariff）は必要条件ではあるが、インフラ運用・市場整備などの十分条件が整備されない限り限界があると訴えてきた。それらが現実になっている。また、山形県のエネルギー顧問として2011年以降再エネ普及のアドバイスをする業務にも従事してきたが、同県も空容量ゼロとなり大問題となった。本書ではその顛末も紹介している。

この問題は、まだまだ解決途上にある。自由化政策の根幹に関わるものでもあり、常に注視していく必要がある。少なくともこれを風化させてはならないという思いがあり、その時々で直面し考察したことを記録として残したいと考えた。これは全国規模の問題であるが、なかでもインパクトが大きく、論点も多い北東北にややフォーカスし過ぎの感もある。この点は、筆者も関わり体験もしたことであり、ご容赦いただきたい。

本書が世に出るにあたり、再エネ普及を共に考えて実践してきた山形県環境エネルギー部の諸氏、空容量の実態について追及し議論を深めてきた安田陽特任教授をはじめとする京都大学経済学部再生可能エネルギー経済学講座（京大再エネ講座）の諸兄には、大変お世話になった。本書における見解や所感に関わるところは筆者の責任による。また、前作「『第5次エネルギー基本計画』を読み解く」に続いて、こうした出版の機会を与えていただいた株式会社インプレスR&Dおよび適切なアドバイスをいただいた宇津宏編集長に、またそのきっかけを作っていただいたフリーランス編集者の須藤晶子氏に感謝を申し上げたい。

本書が、エネルギー情勢や政策に関心を持っておられる方の理解の一助になれば、誠に幸いである。

2018年12月　長野県御代田町の自宅にて

山家 公雄

目次

1

第1章　送電線利用制約問題とは何か

この章は、本書の要約である。系統制約問題は空容量ゼロ問題、送電線有効利用問題と言い換えることもできる。再生可能エネルギー（再エネ）は主力電源として推進していく政府方針が打ち出されている。それを実現するためには、当然送電線に繋がなければならないが、電力会社からその容量がないと表明された。しかし実際は、送電線はあまり利用されていない。ここでは、この問題の経緯、そして用語や考え方を概観する。

電力インフラである送電線について理解するのは容易でない。空容量の考え方はさらに難しい。そこでここでは、流通インフラの仲間として、身近な高速道路、ガスリンスタンド（サービスステーション）を例に解説を試みている。

この系統制約問題は、誰もが情報を共有し、公平に、効率的に電力インフラを利用できる「オープンアクセス」という用語に集約される。欧米ではこれが20年以上前に整備され、日本が未整備という状況を紹介する。再エネだけでなく自由化自体が周回遅れなのだ。

1.1　送電線利用制約（電力インフラ）問題の経緯

1.1.1　送電線は空いていないが、利用もされていない

この問題は、再エネ普及の最大の制約として登場した。FIT認定を受けても送電線が空いていないとなれば、物理的に送電線を拡張する投資を行って解消しない限り、どうしようもなくなる。一方で、空いていないはずの送電線の利用率は非常に低いことが、京都大学経済学部再生可能エネルギー経済学講座（京大再エネ講座）の研究により、判明した。このパラドックスが注目を集めた。

これについては、第2章、第3章で詳細に解説するが、ここでは、時系列に沿って、本書全体を理解するために必要になる基礎知識も織り込みながら簡単に振り返る。

◆九電ショック 2014/9：太陽光申請殺到で接続留保

再エネ普及を狙った固定価格買取制度（FIT：Feed in Tariff）が2012年7月から始まった。魅力的な価格でスペースが確保できればどこでもできること、環境アセスメントが不要なことなどで、条件が有利な太陽光発電は、想定を大きく超える計画が立てられ、膨大な数と量の系統接続申請が行われた。これは特に日照条件が良く、比較的再エネに前向きな九州において顕著であった。その結果、FIT開始後2年経過時点で、九州は需給バランス維持に懸念がもたれる申込量に達した。貯蔵が困難な電力は、電力の品質のバロメーターである周波数を一定の範囲に収めるために、常に一定の範囲で需給を一致させる必要がある。低需要期と、天候次第で制御の難しい太陽光の最大出力時期とを勘案すると、一時的にせよ供給過剰に陥る可能性が出てきたのだ。

そこで系統接続の申請を留保することになり、これは「九電ショック」と言われた。留保により再エネ投資計画を立てられなくなったのだ。それまでは、送電線のあるルートを容量（キャパシティ）以上の電力が流れる場合（これは「混雑」と称される）に、出力を制御するルールが存在したが、エリア全体の需給バランス維持の観点での制御ルールは存在しなかった。そこでさしあたり接続を留保することになった。政府で検討した結果、エリアで供給過剰とならない「接続可能枠」なる概念が登場し、これ以上の接続に対しては過剰時には「無制限無保証」での出力抑制受け入れを条件とすることになった。FIT制度では、当初は30日間までの出力抑制は無補償だがそれを超えると有償となっていたが、「無制限無保証」を受け入れることで接続が再開された。ちなみにEUは補償すべきという考え方であり、ドイツでは95%補償される。その後、この「九電ショック」は他のエリアに伝播した。そのような中、その後も接続は増えていき、2018年10月に九州で出力抑制が実施され、供給過剰が現実化した。

◆群馬北部空容量ゼロ 2014/8：最初の「募集プロセス」

発電設備の建設を計画する場合は、地元調整および送電線を利用できるかの確認が不可欠である。送電線を管理運営する電力会社（一般送配電事業者）に接続の申請を行い、空いていれば接続契約を結び所要費用に関わる負担金を支払う。そして発電設備が完成し、実際に連系する（給電する）ことで一連の接続プロセスは完了する。送電線が空いてない場合、守秘義務の下で個別協議に入り、系統増強費用を負担することで合意が得られれば接続契約に移行する。合意に至らなければ、発電所建設は断念される。個別協議でのメインテーマとなる送電線増強費用は、従来は、空きがゼロになった後、最初の計画が全て負担し、その後のものは負担ゼロとなった。2番手以降は、フリーライドできるのである。これは負担が偏っており増強に至る機会も小さくなる。

FIT導入後に話題になったのは群馬県北部の再エネ事業である。ここで、最初の1社ではなく、近いエリアで接続を希望する複数の事業者に声がかけられ、増強容量を上回る募集があった場合は入札にて接続できる案件を決める方式が導入された。これは東京電力（東電）により実施されたが、これが後に「募集プロセス」として一般化される。東電が発表したのは九電ショック直前の2014年7月で、8月に募集が開始された。

◆北東北ショック 2016/5：遅れてきた風力接続で空容量ゼロに

前述のように、送電線の物理的容量を超えて電気が流れる場合に生じる「空容量ゼロ」は想定されており、従来より対応ルール（プロセス）が決まっていた。これが大規模に発生し社会問題にもなったのが「北東北空容量ゼロ問題」である。九電ショックの主役は太陽光であったが、北東北ショックの主役は風力であった（部分的に石炭も）。東北地方は、再エネ資源が豊富に賦存するが、なかでも風力の宝庫であり、陸上は全国ポテンシャル量の1/4を占める。1/2は北海道なのだが、地元需要が小さく本州との連系線が細いため十分に利用することは難しい。東北は、周波数が50Hzと同一で全国需要の1/3占める首都圏に接しており、風力開発に最も適した場所となる。

世界的には再エネ普及を牽引してきたのは風力である。これはポテンシャルが大きい、開発しやすい、比較的コストが安いなどの理由による。日本も同様であり、FIT導入以前の再エネ推進策で、再エネの技術ごとの区分を設けなかったRPS（Renewables Portfolio Standard）制度では、風力が主役であった。

風力は、節目ごとに規制強化などにより、普及への制約を課されてきた。FIT導入時には、環境影響調査法の適用対象になり、これが大きな制約となった。これにより、それまでの自主アセスメントに要した期間やコストを大幅に上回るようになった。FITは、当初3年間は導入加速期間として優遇されていたが、その期間はアセスメント期間と重なり、FIT認定や接続承認において、後れを取ってしまった。

ようやくアセスメントを通過して接続手続きに入ろうとした時期に、この空容量ゼロの宣告を受けた。最も風況のよい地域である青森、秋田、岩手の北東北3県全域は、2016年5月末、東北電力のウェブサイトが更新され空容量ゼロが公表された瞬間に、接続の望みを絶たれてしまった。その後の募集プロセスでは、1550万kWもの応募があったが、うち1220万kWは風力であった。

この空容量ゼロの宣告により、風力業界には激震が走った。これは東北や風力だけに留まらなかった。新規電源投資、再エネ普及の制約となる問題であり、政府も対応を余儀なくされる。

北東北全域を対象とする「募集プロセス」と送電線接続の新たなルール（日本版コネクト&マネージ）を適用することで、何とか乗り切ろうとした。しかし、大インフラ整備計画に対しての手直し手法での対応、その場しのぎのルール変更での対応と言えた。また募集プロセスにより試算される負担金は非常に高く、多くは断念するのではないかと言われた。

◆山形ショック 2016/11：緊迫の県委員会

北東北3県に比べると小規模であるが、山形県も少なからぬ影響を受けた。山形県は全国に先駆けて2012年3月に再エネ整備を中心とするエネルギー戦略を策定している。5年経過時点の見直し作業を行っている最中の2016年11月末に、東北電力のウェブサイトでの告知によって空容量ゼロに遭遇した。同県のエネルギー担当部署は、幹部や議会への説明に追われた。見直し委員会の委員には、県内の関係者のみならず、全国で再エネ事業を実践した経験者が含まれていた。筆者は、戦略策定時そして見直し時の委員長の任にあった。

同年12月の委員会に東北電力の担当部長に出席してもらい、真剣な議論を行ったが、その際に系統は空いているのではないかとの認識が共有された。見直し委員会の結果として、翌年以降の「系統制約対応を検討する研究会」の設置が決まった。中央政府の審議会の委員やオブザーバーをされている方々の参加も得て始まり、現在に至っている。

◆京大ショック 2017/10、2018/1：送電線は空いている

京大再エネ講座は、2014年4月より活動を開始していたが、空容量ゼロ問題は再エネ普及の最大の制約であり、大きなテーマとなっていた。

筆者は講座メンバーでもあるが、山形県の当事者でもあった。やはり講座メンバーの安田陽特任教授は、かねてより欧州の事例を参考に日本と欧州の送電線利用の違いなどについて研究していた。公表されている電力広域的運営推進機関（広域機関、オクト、OCCTO）のデータを基に利用率を計算したところ、利用率は低いことが分かった。これについて、2017年10月に東北4県と北海道、2018年1月に全国のデータを発表した。

◆政府・広域機関等の対応：2016年以降

政府は、2014年4月に第4次エネルギー基本計画、2015年7月に長期需給見通しを策定し、2030年目標として電力に占める再エネ割合22～24%を掲げている。そのなかで、空容量ゼロ問題は最大の制約となり、既存送電線の有効利用を図っていかなければならないとの認識を持つに至った。各地で接続できないことへの不満が高まり、政治問題化したこともある。広域機関が2017年3月に策定した「広域系統長期方針」にも送電線の有効利用が明記された。送電線に混雑が生じないとの前提で接続を判断する考え方から、混雑処理を前提として接続を判断する「コネクト&マネージ」の検討を進めていた。

しかし、京大再エネ講座が送電線の利用率が低いことを示し、それがメディアに取り上げられ、政治を含む勉強会に頻繁に呼ばれるようになると、利用率は必ずしも低いわけではないという見解（キャンペーン）を展開するようになった。その説明は、単純化や海外の都合のいい数字の引用などによりミスリードを誘うものであり、不適切なものであった。また、広域機関が公表していたデータには単純だが重大な間違いがあることが分かり、数字の信憑性が著しく損なわれた。

その後であるが、きちんとやると強調されていたコネクト&マネージは、期待外れの結果となる懸念が出てきている。2018年4月から開始されるはずであった「想定潮流の合理化」はどの程度実施されたかよく分からない。新たに空容量マップが公表されたのか否かも不明である。一方で、「N-1電制」は予定通り10月に考え方が取り纏められ、各エリアはマップ付きで包括的に公表されたが、残念ながらループ状送電線および配電線は原則適用しないなど適用条件が厳しく、全体でも適用による増加の目安は、その膨大なポテンシャルに比べて著しく少ない。送電潮流の合理化の結果が待たれるが、あまり期待できないのではないかと懸念している。

1.2　送電線利用制約問題の背景と当面の対策

「送電線の空容量はないのか、あるのか不明瞭である」という問題意識の提示から、この章は始まっている。混乱の理由としては、送電会社が行ってきた系統運用の考え方と、それをアクセス（接続）判断の際の根拠にしたことが挙げられる。以下で、それを簡潔に解説する。

◆先着優先：送電線と接続できた発電設備はいつでも最大出力で運転できる

系統と接続契約を結んだ発電設備は、未稼働のものを含めて全て目一杯稼働するとの前提で空容量を計算していた。このため、空容量は実態とかけ離れて低い数字となっていた。以下のような考え方の上にシステムが設計されていたのだ。

＊絶対に送電線に混雑を生じさせない、万が一にも停電させない

＊そのためには、「接続する発電設備は定格出力まで稼働できる」という状況に対応する

＊すなわち、接続を認められた発電設備が、稼働する前のモノを含めて、全て同時に定格まで出力した場合でも混雑は生じない

＊また、天災や事故の発生等により1ルートダウンしても混雑が生じないように、1ルートを待機させておく（N-1基準、N-1運用）

このように、「供給信頼度」の維持が絶対視される思想の上に乗っていた。これでは送電線の利用率は低くなる一方で、新規参入には大きな制約となる。特に、燃料費ゼロとエネルギーコストが低くCO_2を排出しないが、設備利用率は低い（定格に達することの少ない）再エネが増えてくると、計算上の送電線空容量は急速に少なくなっていく。これが我が

国において2016年に顕在化した「送電線空容量問題」の背景である。

◆当面の対応策：日本版コネクト&マネージ

この接続制約への対策として、「日本版コネクト&マネージ」を行うことになった。保守的な需給の前提を、実態にあわせて見直す「想定潮流の合理化」、事故時の出力抑制を前提に待機用設備の利用を図る「N-1電制」、定常時でも混雑時の制御を前提に利用を図る「ノンファーム型接続」である。これは、先着優先の考え方は当面変えずに、その枠内で工夫することである。

欧米では、市場取引とIoTを利用して、時々刻々将来のコストと潮流を予想することで、効率的で公平で透明性のある送電線利用を確立している。しかし、日本では、市場取引はまだ未整備で、IoT活用での関連データ収集は不可能で、時々刻々の将来シミュレーションを実施するソフト開発もこれからである。何よりも、先着優先という既得権益が残っている状況、発電事業者が公平に送電線にアクセスできる「オープンアクセス」が実現されていない状況では、欧米並みの効率・公平・透明を満たす利用は不可能である。

従って、「日本版コネクト&マネージ」は、当面の経過的な措置であり、この間に市場利用型のシステムを早急に構築する必要がある。日本型から世界標準へのロードマップの策定が不可欠である。

◆空容量問題の早期解決策：FIT認定取り消し事業の接続承認抹消

このように、空容量ゼロ問題は、再エネ普及はもとより自由化促進や効率的な市場整備にも関係する非常に重要な論点を含む。一方で、再エネを含む新規電源開発を計画している多くの事業者は、早期接続の具体策を求めている。その意味では、不十分ながらも「日本版コネクト&マネージ」はやむを得ない措置とも言える。

しかし、空容量の捻出は、既存ルールのままでもある程度までは実現可能である。接続承認済みの事業だが、実施しないようなものについて承認を取り消すのである。FIT認定を得ているが、稼働に向けたアクションを取らない事業は太陽光を中心に多い。広大な森林利用や情報開示不足で地元住民や自治体との間で紛争が生じているものも少なくない。これらの計画は、送電線を利用する権利を確保しており、空くのを待っている多くの事業者に大きな影響を与えている。

政府も、初期の高いFIT価格案件による国民負担増、インフラの有効利用などの観点から、一定の条件の下にFIT認定の取り消しを断行している。それはやむを得ない措置と考えられる。しかし、FIT認定の取り消しや地元（自治体）の拒否は、直ちに接続承認の解消には結びつかない。FIT認定と接続承認はリンクしていないのだ。電力（送電）会社は、「接続契約は開発事業者との間で結ばれる民民契約であり、双方の納得がないと取り消しは難しい」という立場のようだ。誰かが取り消しルールを決める必要がある。それはやはり政府であろう。

1.3　インフラ利用としての送電線制約問題

送電線利用問題は、電気の物理的な特性もあり、理解することが容易でない。この節では、同じ流通インフラであり、日常生活においてなじみの深い高速道路とガソリンスタンド（サービスステーション）を例に、解説してみる。

1.3.1　電力インフラと高速道路

◆インフラは誰のもので、どう使うか

電線は誰のもので、どう使うのかについて、身近な存在である高速道路と比較してみる。

一般道路は利用料金を払うことなく利用できる。歩行者、自転車、バイク、乗用車、貨物運送車など、誰でもいつでも利用できる。一般道路の整備は、公共工事として税金で賄われる。管理者は国、自治体となる。高速道路は、有料道路であり、旧道路公団（現在は東日本高速道路（NEXCO東日本）など）の公的な組織が作り・管理する。利用者は、重量、利用頻度、距離に応じて利用料金を支払う。

現状の送電線利用ルールを、高速道路の利用に例えてみよう。高速道路を利用するのには登録を要する。登録が認められた車は、混雑なしで法定速度では必ず走れる。登録の際に、重量、使用頻度、時期、ルートを申告する。新たに登録を申し込む車に対しては、法定速度を下回る「渋滞」が発生しないように、既登録車が道路を利用する権利を妨げないように計算した上で、受け付けるかどうかを判断する。乗用車であれば盆・正月・GWの利用を想定、貨物運送車であれば営業日を想定する。それぞれが最大利用する車両数量を、時期に関わらず足し上げた数字を前提とする。また、申請したルートは、渋滞ルートと迂回ルートが分かってもルート変更をすることはないとする。

そうした（渋滞を生じさせないための）保守的な前提の下で、新規登録の是非を判断する。渋滞が生じるとなった場合は、新車を高速道路に入れない、すなわち受け付けないという判断を下す。また、片道1車線は緊急時のために空けておく。

このような「絶対に渋滞しない、させない」という前提では、通常時は高速道路は本当にガラガラな状態となるのは容易に想像できる。登録済車両の所有者は、無人野を行くようにガラガラの高速運転をエンジョイできるが、一方で、高速運転を欲する多数の人が受付を待っている状況になる。自動車メーカーの観点では、新規参入はほとんど不可能となり、既存メーカーでも自動車が売れずに困ることになる。自動車産業全体の発展を阻害することになる。

なお、「送電アクセスの個別協議」に当てはめると、登録の空きがない状況でも、車線拡張工事代金を負担すれば、工事完成後の運転を条件に登録してもらえるが、莫大な金額と気の遠くなるような長い年月を待つことになる。

送電線は、まさにこのような設計の下に設備が形成され、アクセス（接続）の判断がなされているのだ。

◆高速道路のコネクト&マネージ

ここで送電線の有効利用対策である「コネクト&マネージ」を、道路と車両に当てはめてみる。盆正月連休などの最も利用される特殊な断面で判断するのではなく、日常の利用率の低い時間帯を含めて判断する。「想定潮流の合理化」ならぬ「想定車両流量の合理化」を行う。貨物運送や営業用の車両は営業日でない休日の稼働は下がる、乗用車はウィークデーの利用は少ない。また、渋滞ルートは避けて迂回ルートを利用する。これらの通常の行動や概念を基に、新規登録の可否を判断する。

確かに盆・正月・GWは渋滞するが、通常はそうではない。こうした車の流れのシミュレーションを行い、登録の数や、増強工事を判断する。当然、特殊な時間帯の渋滞を我慢してもらえば、多くの車両が登録を受けられるようになる。

「N-1電制」ならぬ「大事故発生に備えて利用させない1車線の有効利用」を実施する。待機車線を利用するが、事故があった場合は、直ちにその車線から路肩に退避して、事故処理や修理が終わるまでそこで待つという条件付きで登録を認める。高速道路は、路肩という「非常時に利用する簡易な空間」はあるが、1車線開けることはないので、非現実的ではあるが、無理に当てはめている。

「ノンファーム型接続」のイメージは、盆・正月・GW・連休といった特殊な時期以外は空いており、その利用を考慮して、新規登録を認めることである。事故、工事などにより生じる渋滞時には、新しく登録した車両を中心に、利用を禁止する。

ここで言う「マネージ」は送電混雑に関わる処理・対策のことであるが、高速道路でも、予想を含む渋滞情報精度の向上、推奨迂回ルート情報の提供、渋滞時期の車両運転を回避する行動の推奨、一時的な渋滞の甘受などが挙げられる。こうしてみると、同じインフラであっても電力・送電線と車両・高速道路の比較は、高速道路の渋滞に比べて送電線の渋滞の方がかなり希少事象であることが分かる。従って、送電線と高速道路とを比較することは、必ずしも適切な比較事例ではないように思えてくる。高速道路は頻繁に渋滞する印象があるが、送電線の混雑は、通常は滅多に生じない。そこで、次に同じエネルギーである石油流通のインフラと言えるガソリンスタンド（サービスステーション）を例にとってみる。

1.3.2　サービスステーションに例えると

もう一つの交通インフラの例として、サービスステーション（SS）を取り上げる。SSの数は激減している（図1-1）。ガソリン需要が、燃費改善、エコカーの普及により長期的に減少しているからだ。今後もこの傾向は弱まることはないであろう。現行の系統接続ルールに例えると、登録している車両がSSで万が一にも順番待ちすることのないようにSS設備を維持する、といったところか。

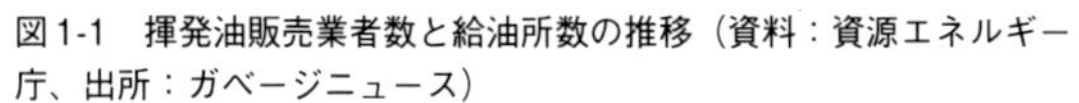
図1-1　揮発油販売業者数と給油所数の推移（資料：資源エネルギー庁、出所：ガベージニュース）

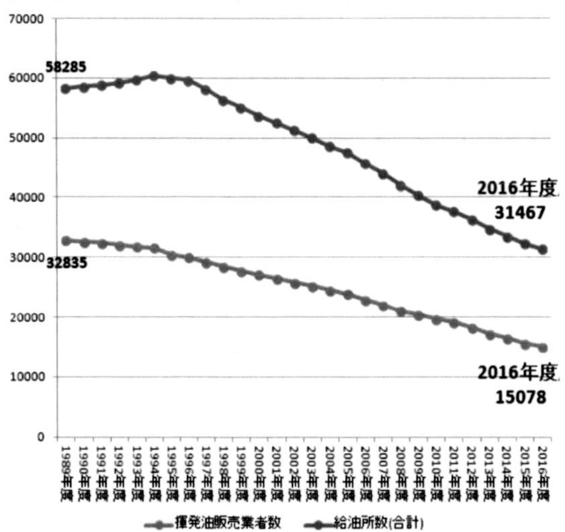

電力の場合、実際には、省エネ家電の普及で買い替えるごとに節電が大きく進む。屋根置き太陽光発電の設置で購入電力は減る。人口が減少していく。すなわち、電力需要は、ガソリンと同様に減っていく（図1-2）。電力流通設備は、現状の水準が維持されるだけで利用率は下がり、余っていくことになる。空容量がゼロで増強を前提にしか新規接続はできない、というのはどこかおかしい。SS事業者と送電事業者は、直面する需要のトレンドは似ているが、設備運用を巡る環境は大きく異なる。

高速道路の例は、自動車渋滞は、場所により毎週末にも生じており、イメージとして適当ではない面もある。SSがより近いかもしれない。系統接続は、両者の間に位置するイメージだろう。

図1-2　電灯電力使用電力量の推移（出所：エネルギー白書2017年）

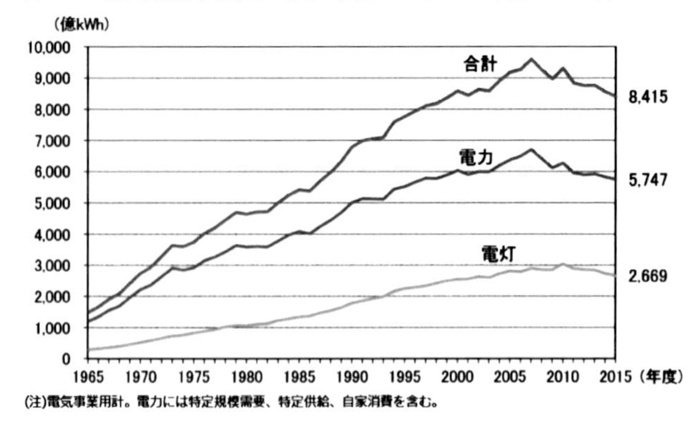

(注)電気事業用計。電力には特定規模需要、特定供給、自家消費を含む。

1.4　電力インフラ問題の本質：オープンアクセス

ここまで、昨今の我が国における送電線の有効利用に焦点を当てて「電力インフラ問題」とは何か、本来議論すべき論点は何なのか、について、簡潔に整理した。

この問題の本質は、電力という生活にとっても産業にとっても最も重要な商品のインフラを、どのように利用し整備するかということだ。再エネ普及は、将来の主力エネルギーという点で非常に重要ではある。しかし再エネ普及は非常に重要ではあるが、本書のカバー範囲と論点の一部でしかない。

また、価格メカニズムの利用は、IoTの発達と相まって、あらゆる分野に波及し、効率化・透明化・公平化を実現する際の担保となっている。この整備を怠ると、世界の発展から後れを取ることになる。電力インフラに対する発電設備のオープンアクセスは、その意味で、早急に実現しなければならない重要課題である。電力という商品を効率的に生産する基礎となり、インフラ有効利用の前提となる。欧米は、電力自由化を進めるに際し、真っ先に、1996年にオープンアクセスへの筋道をつけた。米国連邦エネルギー規制委員会（FERC）のオーダー、EUダイレクティブ（指令）にこれらを明記した。日本では、この価格メカニズム、自由化に関係するシステム整備が遅れてしまった。「電力インフラ問題」の本質は、ここにある。

2

第2章　送電線空容量ゼロ問題の経緯と真相

◉

この章では、空容量ゼロ問題が表面化し、送電線という非常に地味な存在を巡る問題が大きな社会問題にまでなった経緯を紹介する。この空容量ゼロ問題の基本を時系列で理解できるように工夫した。

北東北3県における衝撃の空容量ゼロ勃発、京大調査による送電線は利用されていないという事実発覚、政府の釈明とそれへの反論などの一連の流れを取り上げる。その中で北東北3県と同様に、やはり容量ゼロになった山形県委員会での緊迫の質疑を紹介する。

2.1　東北4県、空容量ゼロの衝撃

ここでは再エネ適地である青森、岩手、秋田、山形各県が直面した空容量ゼロ問題を取り上げる。送電線の容量不足問題は九州、北関東、岐阜など全国で発生していたが、風力の適地である青森、岩手、秋田の北東北3県全域がゼロになったことのインパクトは大きかった。再エネの適地、特にポテンシャルの大きい風力の適地として期待が大きく、多くの事業計画があったが、これらが実行不可能となった。山形県は、全国に先駆けてエネルギー戦略を策定し、また、エネルギーを部の名前に使用するなど意欲的に再エネ推進に取り組んでいた。この山形県の委員会における質疑も紹介する。これは筆者が空容量問題に関わることになった原点でもある。

2.1.1　北東北3県空容量ゼロに（2016年5月）

空容量問題が大きく取り上げられたのは、2016年5月に北東北3県（青森、秋田、岩手）の空容量がゼロになったことだ（図2-1）。これは5月末、東北電力のウェブページに何の前触れもなく掲載されたことで判明した。この地域は風況がいいことで定評があり、多くの事業開発が進行中であった。風力発電は、環境省の調査では陸上で2.7億kW、洋上では14億kWもの潜在開発可能量がある。特に北海道、東北、九州のポテンシャルが高く、陸上では東北は全体の1/4を占める。再エネのなかでは潜在量が大きく低コストであることから、エースとして期待されていた。

しかし、2012年10月に、7500kW以上の事業は環境影響評価法の適用対象となり、アセスメントに時間とコストを要するようになった。従来は、日本風力発電協会（JWPA）のガイドラインに則り自主的にアセスメントを実施しており、約1.5年の期間であった。これが4年程度を要するようになり、政府が第4次エネルギー基本計画で謳った「積極導入の3

図2-1　東北電力管内の送電空容量

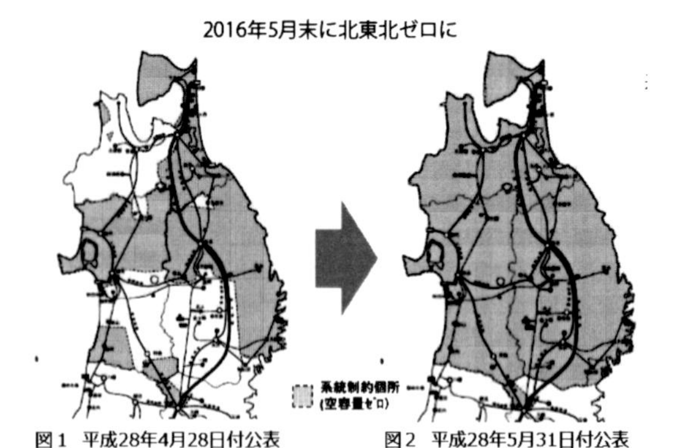

年間」はアセスメントに費やされた。このアセスメントを通過することがFIT設備認定の条件となっていたので、系統接続の申し入れもできずにきていた。ようやくアセスメントに目途が付いてFIT認定、接続申し入れができるようになったタイミングでの「空容量ゼロ」である。

各種電源のなかでも空容量ゼロの影響を最も大きく受けたのは風力であった。これは、その後に北東北を対象エリアとして実施された募集プロセスにおいて、応募した1550万kWのうち1250万kWが風力であったことからも窺われる。なお、120万kWは石炭火力であった。

このように、「北東北空容量ゼロ」問題は、風力あるいは事前調整に時間を要する再エネ事業が極めて不利な立場になる現実を突き付けた。地域振興・ビジネス機会を再エネのポテンシャルに期待する地元関係者に大変な衝撃を与えた。それが、一片の通知ならぬ一つのウェブサイトへの告知という形で思い知らされることになった。

2.1.2　山形県もゼロに（2016年11月）

北東北3県に次いで、空容量ゼロになったのは山形県である。全県ゼロではないものの再エネポテンシャルの大きい主要ルートはゼロになった。2016年11月末の東北電力のウェブサイトに、やはり突然ゼロが示された（図2-2）。

図2-2　山形県の系統空容量：2016年11月末ゼロからの顛末（出所：山形県）

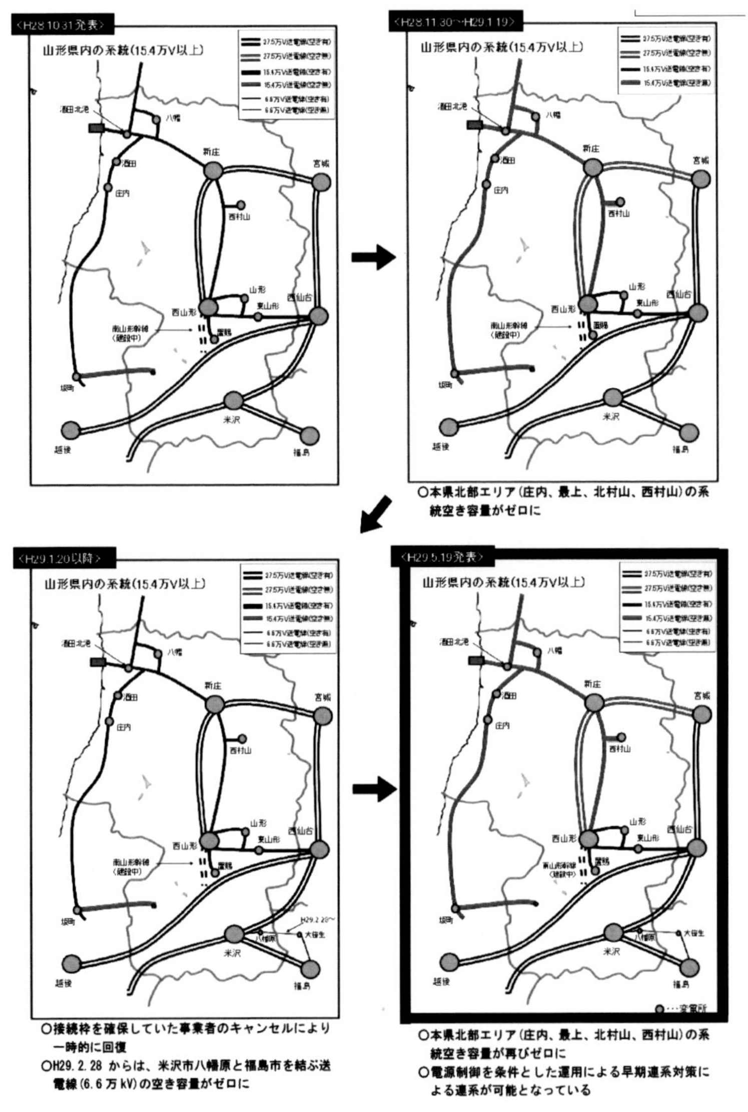

同県に関しては、同県が2012年3月に発表した「山形県エネルギー戦略」が5年を経過した経験を踏まえて目標達成に向けた見直しの議論を行っている最中であった。年末も近づき結論を出そうとしている最中で、また東北電力を含めて関連の事業者も委員となっていたこともあり、委

員会は喧々諤々の議論となった。事務局の県も、空容量ゼロでは目標達成は不可能となり、何のための見直し委員会か、ひいては2030年を見越した戦略はどうなるのか、県民や議会にどう説明するのかという切実な問題に直面していた。なお、筆者は、2011年度のエネルギー戦略策定委員会、2016年度の見直し委員会の座長を務めていた。

12月26日の最終委員会に、取り纏めの議論とともに東北電力の系統担当者に出席してもらい説明してもらった。最終取り纏めの委員会は、専ら空容量ゼロの究明と今後の見通し・対策についての質疑、激論の場となった。東北電力からの説明と関連の質疑については、同県のウェブサイトに掲載された内容から、そのポイントを紹介する。

＊空容量の計算は基本的に定格容量（最大出力）の積み上げ
＊契約済みで運転開始前のものも送電線占有設備にカウント
＊連系線を通す流通は基本考慮外
＊緊急時のために通常時は1ルートを使用しない「N-1ルール」を厳密に運用
＊空容量ゼロと判断した時点は、計算上ゼロになった時点
＊将来の判断は供給過剰が予想される時期を主に想定

などが判明した。系統接続や運用に詳しい委員による質問とそれへの回答から、本当に送電線は十分に使われているのだろうか、との疑問が生じることになった。

その後、山形県に関しては、2017年1月中旬に、送電線に空きが発生した。接続の取り下げが生じたためとのことだった。これに伴い、いくつかの事業の接続が認められ、救われることになった。しかし、5月末時点で再び空容量ゼロとなり、現在に至っている（図2-2）。筆者にとって同県は身近な存在であり、空容量が無くなったために断念した事業、かろうじて空容量復活でセーフになった事業を個別に知っている。全国では、多くの事業が、懸命に準備したにもかかわらず断念したと思われる。

2.2 緊迫の山形県エネルギー委員会

この節では、前述の山形県エネルギー委員会（第5回エネルギー政策推進プログラム見直し検討委員会：2016年12月26日開催）でのやりとりを紹介する。これは同県のウェブサイトにアップされているが、そこから空容量ゼロ問題に関係する箇所を抜き出している。空容量ゼロ問題の論点のほとんどはここに含まれている。なお、下線は筆者による（第5回議事録：https://www.pref.yamagata.jp/ou/kankyoenergy/050016/senryaku/dai5kai/5kai.pdf）。

また、質疑に登場する主な委員は、坂本邦夫参考人（東北電力(株)電力システム部技術担当部長）、三保谷明委員（イオスエンジニアリング&サービス(株)顧問：全国で風力開発を経験、系統問題に詳しい）、加藤聡委員（加藤総業(株)代表取締役社長：地元の風力開発事業者）、皆川治委員（当時東北公益文科大学特任講師：現在鶴岡市長）、三浦秀一委員（東北芸術工科大学デザイン工学部建築・環境デザイン学科教授）である。

第5回エネルギー政策推進プログラム見直し検討委員会（H28.12.26）
（議事録）

1. 山形県内の系統の状況について

＜坂本参考人より 資料1「系統の状況と系統連系の対応」に沿って説明＞

＜質疑応答（○は委員からの質問、⇒は坂本参考人の回答）＞

【三保谷委員】

○空容量の算定にあたり、電力会社では1年を通して様々なケースを想定し相当の解析を行っていると思うが、いつどのように積算した結果がゼロになったのかを具体的に示してほしい。空容量の算定方法について、太陽光発電の未稼働案件も含んでいるのか、発電の出力は定格出力ベースでの積算か、稼働率を見込んだ積算となっているか、広域運用も勘案しているのかについて、教えてほしい。
⇒いつ時点かということについては、11月30日時点での申込み状況となる。未稼働案件については、契約が済んでいるものについては織り込んでいる形である。また、発電出力については、定格出力で見ている。広域運用については、基本的には東北電力の管内のみで見ている形になる。

【三保谷委員】
○定格出力で発電を見ているということは、実際に出ている電力は風力発電では平均で20%台であり太陽光発電は10数%程度になるかと思うが、東北電力の管内の送電線の利用率は非常に低いということになるということで良いか。
⇒稼働率を考えると、再エネの電源は稼働率が低いと考えられるので、トータル的には送電線の稼働率は下がるということで良いかと思う。

【三保谷委員】
○設備の運用上、Nマイナス1ルールが遵守されていると考えて良いか。
⇒Nマイナス1の考え方を持って、設備容量を超過するかしないかというところで運用している。

【三保谷委員】
○実際には、送変電設備の容量を一時的に超過することは十分ありえるが、需給調整をうまくやっていくことで、送電線の設備利用率を上げて、最大限に効率的に運用していくということが非常に重要なことである。電力需要が総体的に低下していく傾向にある中で、部分的に容量が足りないところについて設備を増強することは必要かもしれないが、大幅に設備を増強していくというのは経済的に不合理であると思うし、風力・太陽光などそれぞれの発電の特性があり、それをどううまく調整していくかを考えることが筋と考える。
　何月何日のどの時点で、その容量を超過するのか。それをクリアすると、ほかの時点では大丈夫なのか。ゴールデンウィークなど、電力需要が下がる時期に変動調整が難しくなるかもしれないが、定格だけで考えるのではなく、発電設備の特性や需要の変化に合わせ、時間別・地域別・季節別の需給を調整することで、最大限入るのではないかなと考えられる。そのあたりについてはどう考えているのか。
⇒既存設備を有効活用することは、弊社としても非常に大事なことだと考えているが、発電設備の連系が多い場合は、必要に応じて、バランスを見ながら設備を増強することも大事であると思っている。いつ何時何分を見ながらという（時間別・季節別な需給調整の）視点は難しいところではあるが、例えば場合によっては抑制するというようなやり方でカバーできればと考えている。

【山家委員長】
○いつどこで、（系統の問題が発生するのか）という原因のイメージがないと、我々がどう対策を採ったらいいかの検討のしようがない。どう検討した結果ゼロになったのかを具体的に教えてもらえないのか。
⇒現在、検討しているものは、例えば8月時点で、需要に対して太陽光の稼働率が高い場合に、送電線が停止することがあるかどうかということなどを検討して、空容量があるかを検討している。

【山家委員長】
○それは、東北電力管内全体の話か、山形県内の話か。
⇒管内全体の話もあるし、ローカルの話もある。

【山家委員長】
○山形県内における発電でこうなったというよりは、東北電力管内の、特に北東北の影響が山形にも及んできたということか。
⇒必ずしもそうではなく、山形県内にもネックに関係する場所も出てきているので、県内において再エネが多数連系してきたことにも起因している。

【皆川委員】
○系統設備の増強しか対応方法はないということになるのか。30日等出力制御枠のラインも出ていないが、様々調整する手法はあると思うが、設備増強しか方法がないと言い切れるのかを確認したい。
⇒発電設備が多く連系され、送電設備の容量を超過するという課題を回避する手法としては、新たな送電線を作るとか増強するとかの対策が必要と考えている。

【皆川委員】
○30日制御*[1]や空押さえを解消するとで、接続が可能となるような手法はないのか。
⇒空押さえについては、弊社としても空押さえがないようにアプローチして運用している。30日制御については、東北電力全体での需給の抑制になるので、そういった条件を系統接続の検討に使えるのかというのは検討が必要である。

【皆川委員】
○再生可能エネルギーの拡大はエネルギーミックスでも目標が立てられた国策であり、東北電力として、どういう役割を果たして貢献するといった積極的なスタンスはないか。
⇒発電事業者の申し出を受けて検討するという方法にならざるを得ないのかなと考えている。連系申込みに対しては、真摯に対応していく。

【皆川委員】
○今回の事態は、上位系統における設備容量の超過が問題とあるが、何に起因して空容量がゼロになったのか。詳しく説明をいただきたい。
⇒下位系統に太陽光や風力がつながると、上位系統に流れていくため、下位系統で処理できないものは上位系統に流れることになるが、電気の

1. 30日制御：FIT法に基づき、FIT認定電源の出力抑制については、30日分は無補償で実施できるとするもの。

流れが集まった上位系統において容量が超過してしまったということになる。

【皆川委員】

○例えば庄内地方では、具体的にどうなっているのか。

⇒あまり具体的には言えないが、庄内地方の電力が上位系統の方に行ってネックが生じているということになる。

【皆川委員】

○ネックになった上位系統というのは具体的にどこになるのか。

⇒個別の送電線の具体的な場所については、セキュリティの問題もあり開示することは控えたい。

【山家委員長】

○その系統の太さは15万Vか27万Vか。

⇒15万Vの箇所になる。

【三保谷委員】

○（坂本参考人説明資料）P5の最近の状況にある「流れ込み」というのは、逆潮流ということか。

⇒逆潮流のイメージである。通常は上位系統から下位系統に流れるが、下位系統から上位系統に逆潮流して、容量を超えているということ。

【三保谷委員】

○それは変電設備が容量を超えているのか。送電設備が超えているのか。

⇒送電設備において、Nマイナス1の基準の中で容量を超えているということ。

【三保谷委員】

○Nマイナス1のルールにおいて容量を超えているということか。電力会社によって系統の運用方法は違う（例えば送電線の大半が1回線で構成される北海道電力ではNマイナス1ルールでは運用できない）が、今回のケースはNマイナス1ルールを遵守した結果ということか。
⇒通常であればNマイナス1基準で余裕があれば、接続を認めるという運用である。

【三保谷委員】
○ここが、これからの議論のしどころかと思われるが、これから分散型の変動電源も大量に入ってくる中で、運用方法を変えていく必要もあるのではないかと考えられる。今後、運用管理としてこのNマイナス1の考え方は変更可能か。
⇒Nマイナス1の基準は広域機関等で定められているルールでもあるので、そういったところとの関連もあり検討が必要ではないかと考えている。

【三保谷委員】
○それは、前向きにとらえていいということか。
⇒そこは、個別に検討していくしかないと考えている。

【山家委員長】
○P5の「上位の系統に電気が流れ込み、その結果上位系統の設備容量を超過」という表現があるが、超過するのはある時点の状況であって、上位系統に流れ込むことは状況に応じてはプラスの場合もあり、一般的なものではなく誤解を招く表現と思うがどうか。
⇒送電線のある断面のものである。流れ込む断面が厳しい場合は、その時点で検討している。

【山家委員長】
○先ほどの説明だと、もっと上位の系統で制約があって、その影響が大きいように思っていたが、トータルで聞くとよく分からない印象を持つ。

⇒15万の系統も他県とつながっているので、ほかの地域の影響もある程度は受けている。

【三保谷委員】
○設備容量の空きについては、定格電力で積算しているとの話があったが、既設設備の容量についても、契約電力を織り込んでいるのか。
⇒既設の発電設備についても定格電力で積算している。

【三保谷委員】
○そうすると、11月末時点でゼロになったことは、特に時間軸と言うことではなくて、系統に連系している需要と供給の契約電力の差し引きで考えているということか。
⇒皆様からの申込について検討して応じてきた結果、明らかになったのが11月末と言うことになる。

【三保谷委員】
○各時点での予想される需要量と供給量などは、どのようにカウントしているのか。
⇒例えば、需要については、需要が厳しい8月のものを使ったり、太陽光発電の系統への供給量の見方については、広域に連系する場合には、太陽光の定格をそのまま使うのではなく利用率を考慮した数値で検討し、ローカルな検討を行う場合には、定格出力による検討を行っている。

【三保谷委員】
○いずれにしても、容量のカウントの仕方が大きなマージンを持っているものと考えられるがどうか
⇒例えば太陽光については、夏場の出力は8割程度となっているので、大きなマージンを取っているとは考えていない。

【加藤委員】

○10月末から11月末までの間に、どこで何が起こって空容量ゼロになったのか詳細に教えてほしい。現在、庄内町のプロポーザルによる事業がスタートしている中で、東北電力さんに連系申し込みをしている中で空容量がゼロになったとの情報が出されたところ。系統増強の話もあったが、負担金の額が、事業が進められるような金額ではなかったため、かなり多くの方がプロセスに参加しないと、進めている事業が不透明になっている状況である。
⇒個別の事業者の話になるとお話はできない形である。県内のある事業者が系統に接続することとなったことによるものではある。

【加藤委員】
○系統の線によっては、ゼロとなっていても、低圧は大丈夫であろうが、高圧は全く接続できないのか、それとも300kW程度なら接続できるということはあるのか。
⇒系統の空きはゼロであれば、300kWであっても設備の増強が必要である。

【加藤委員】
○設備の増強の費用については、出力に応じて変わるのか。1kW当たりで増強費用はいくらになるのか。どのようなイメージをしたら良いのか。
⇒場所によって系統増強が変わるものなので、一概には言えない。接続検討の申し込みをしてご確認いただきたい。

【加藤委員】
○接続検討の申込をすれば御回答いただけるということか。
⇒申込をいただければ回答する。

【三浦委員】
○本日の説明では誰も納得できない。今答えられないものもあるのかと思う。持ち帰っていただいて、文書による回答をお願いしたいがどうか。

⇒どこまでできるか分からないが、持ち帰って検討したい。

【事務局 林課長】
○どういう前提でどういう試算を行って、このような結果になったのか、情報開示を求める。
○本日も説明のあった系統WGで提案された対応策は、いつから実施されるのか。
○未稼働案件がどの程度あると見ているのか。
○未稼働案件の認定取消後にできた接続容量の空きを優先確保できるようにしてほしい。
⇒検討の情報開示については、なかなかできないと思うが、こういった条件で検討をしているというような基本的な考え方については、開示できるかどうか、検討させていただきたい。暫定な対策による連系の対応策の実施時期については、系統の増強がどのような形になるかによって大きく変わるため、系統増強の内容が決まってから検討することになる。未稼働案件の規模については、ある程度把握はしており、だいたい12万kW程度と考えているところ。

【事務局 大森部長】
○系統増強による解決まで10年かかるという話もあるようだが、それでは5年間のプログラムの期間全てに影響を受けることになってしまう。暫定措置を抜きにして、それより短い期間で解決される可能性はあるか。
⇒東北北部の接続プロセスの案件とはリンクしていない。別案件になる。系統増強の工期については、10年より短くなる可能性はある。10年まではいかないかと思う。5年かどうかということについては、お答えしかねる。

【山家委員長】
○まもなく送配電分離がなされるが、そうなると、送電会社は持っている設備の整備をして、既存の設備をいかに利用して収益を上げていくかという経営になる。諸外国では送電事業が、自由化や再エネ普及により収益を上げて、成功モデルとなっているところもある。送配電分離により送電部門が独立すると、再エネがインフラ会社から見ればビジネスチャンスになり、スタンスが変わってくる可能性があると期待している。
○インフラ増強については、日本は発電側が負担する特定負担の割合が大きく、一般負担の割合が小さいことが、今後見直すべき大きな論点である。これについても、送電会社という視点から見ると、納得できる部分が出てくるのではないかとも考えられる。
（以下、省略）

【山家委員長】
（----最後の委員長総括から関連個所を以下に抜粋）
○系統制約の問題については、私としては初めから系統制約が現実に迫ってきており想定されていたことでもあったので、それに備えて議論してきたと考えている。他県ではもっと前から、大規模に系統制約が厳しくなっている状況の中で、それでも推進をしてきている。その中でも、風力では、いつ接続できるかが不明ななかでも、環境アセスメントに入っている事業としては700万kW規模に広がっており、系統制約解消を信じて開発を進めてきている。本日の議論の中でも、送電網の利用率は高くはないようであり、系統制約は解消されていくとの方向性は間違っていないと考える。

◆空容量問題のほぼ全てのポイントが凝縮

東北の一つの県のエネルギー関連委員会にて、展開された極めて真剣な議論である。その後に「空容量ゼロ問題」として議論される論点が、ほぼ登場している。東北地方での空容量ゼロの影響は、資源は豊富にありながら環境アセスメントなどで接続契約が遅れていた風力発電において、特に顕著であるが、風力に関わる委員を中心に厳しい質問が相次いだ。

山形県は、2012年3月にエネルギー戦略を取り纏めたが、再エネの普及目標を明示している。空容量ゼロだと、その戦略自体の意味を問われることになる。担当課長、部長の発言からも、その衝撃が窺われる。当時は、戦略策定後5年経過したことを受けて、プログラムの見直しを議論していたところであった。ここで、「系統制約対応を検討する研究会」の設置が決まり、翌年度以降の施策に繋がっていく。

2.3　京都大学の反論「送電線は空いている」（2017年10月、2018年1月）

ここでは、京大再エネ講座が、公表データを基に送電線の利用率を計算した顛末と結果について解説する。筆者から見ると、前述の東北問題に関わった際に概ね見当がついていたことの確認というプロセスであったが、結果は予想を超える低い数字であった。

2.3.1　第１回京大調査：北東北４県、北海道（2017年10月）

◆広域機関のデータ

筆者は、山形県における空容量の議論を通じて、送電線は、本当は空いているとの感を強く持つようになった。接続契約済みの発電設備は、一定の前提に基づく計算により積み上げられている。基本的に定格出力の単純積み上げであり、また売買契約に基づく一定のルートを流れるとの前提では、実際に流れる量よりも遥かに大きくなることは十分に想定できる。一方で、この考え方は、政府が関与した公式のルールがあり、電力会社はそれに従っているだけだとなると、そのルールの見直しがない限り前に進まない。そのためには、困っている人が声を上げて、世の中のかなりの方の理解を得る必要がある。実際に送電線を流れる量が分かるデータはないのか。東北電力に実潮流データの情報開示を求めたところ、既に上位2系統については広域機関のウェブサイトに30分単位で載っているとの回答が返ってきた。オクトのウェブサイトを確認したら確かに載っていた。

◆低かった利用率

そこで、エネルギー戦略研究所の同僚で京大再エネ講座のメンバーである安田陽特任教授に相談し、これを分かりやすい図表にして公表することにした。それと並行して東北電力を交えた有識者で構成する送電制約問題についての研究会は、2017年度に非公開にて開始されていた。

まずは、山形を通る2系統と北東北3県のボトルネックとされる「秋田～西仙台」ルートを計算してみた。「思った通り、非常に利用率は低いです」との安田教授の興奮が伝わるメールがあった。北東北の上位2系統を全て計算した上で、京大再エネ講座のウェブサイトのコラム（京大コラム）にて発表する方針とした。結果はやはりどのルートも利用率は非常に低かった。山形県の研究会日程をも睨んで発表のタイミングを計った。そのような中、東洋経済2017年9月30日号に「再エネが接続できない送電線の謎」とのタイトルの記事に数字が出た。これは、夏の電力需要が最も逼迫する時間帯の数値から利用率を計算したもので、ピンポイントではあるが、本質が浮かび上がるものとしては十分であった。需要が最も大きくなる日時でも利用率はこれだけ低いという趣旨である。

この記事を受けて、我々も発表を急ぐことにした。10月2日付で京大再エネ講座のウェブサイトにコラムとしてアップした。これはその翌日、朝日新聞で大きく報道された。以下、これを解説する。

◆北東北の送電線利用率計算

広域機関の公表数値を基に過去1年間の実潮流を計算した。2016年9月から2017年8月までである。広域機関は、各地域の電力会社（送電会社）のルートごとに、電圧の高い上位2系統について、30分ごとに実際に流れた電力量（実潮流）と送電できる容量（運用容量）の数値を公表している。東北では、最上位が500kV、その次が275kVである（図2-3）。30分ごととは、00時、30分時の「正時」ごとである。

表2-1は、北東北3県（青森、秋田、岩手）と山形県における主要幹線（上位2系統）の過去1年間の状況を表にしたものとなる。

「運用容量」は、送電することができる容量（キャパシティ）であるが、状況によりその規模は変化する。例えば定期検査、メンテナンスなどのために作業が入る場合は小さくなる。また、ルートによっては容量を規定する基準が変わる。基準としては熱、周波数、電圧などがある。一般

図2-3　東北４県分析対象線路の電気的・地理的配置

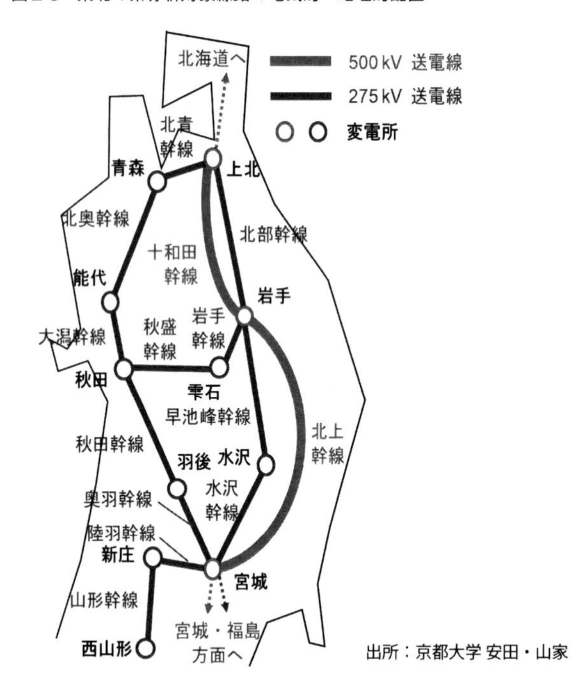

表2-1　主要幹線の空容量および利用率比較

（東北地方抜粋2016年9月1日～2017年8月31日）

線路			空容量	運用容量	設備利用率	同左
階級	幹線名	潮流方向	MW	（MW）	（平均）	（最大）
500kV	十和田	上北～岩手	0	9,872	2.0%	8.5%
	北上	岩手～宮城	0	9,872	3.4%	10.6%
	青葉	宮城～西仙台	20	9,408	6.8%	20.6%
275kV	北青	上北～青森	0	2,500	7.5%	24.3%
	北奥	能代～青森	0	2,500	18.2%	30.5%
	北部	上北～岩手	0	1,808	3.2%	20.2%
	大潟	能代～秋田	0	3,618	14.5%	35.2%
	秋盛	秋田～雫石	0	1,544	15.9%	69.5%
	岩手	雫石～岩手	0	1,544	16.4%	73.8%
	秋田	秋田～羽後	0	1,544	11.4%	38.0%
	早池峰	岩手～水沢	0	1,748	3.4%	22.8%
	奥羽	羽後～宮城	0	1,446	6.7%	43.8%
	水沢	水沢～宮城	0	1,544	11.8%	36.3%
	陸羽	宮城～新庄	0	3,094	4.4%	23.8%
	山形	新庄～西山形	0	2,714	4.8%	18.3%

（注）・「潮流方向」：左→右が順　・「空き容量」：電力会社公表値
・「運用容量」：年間の最大値
・「設備利用率（平均）」：実潮流（30分累計）/運用容量累計
・「設備利用率（最大）」：実潮流（30分最大値）/運用容量

（出所）京都大学安田・山家の資料を山家が一部加工

的には熱が基準となり、運用容量は熱容量と称されることもある。熱容量とは、送電線が熱に耐えられる基準である。基準以上に電気が流れるとその分は熱に転換する、すなわちロスになる。温度が上がると電線は膨張して垂れ下がるが、木立などに接触すると停電の原因になりうる。

「設備利用率（平均）」は、30分ごとに実際に流れた量の累計をやはり30分ごとの運用容量の累計で除した数値である。「設備利用率（最大）」は、実潮流の年間最大値をその時点の運用容量で除した数値である。そして「空容量」であるが、これは電力会社が一定のルールの下に計算した公表値である。

◆最大利用率でも低い数値

以上の定義、前提の下にデータを読むと、以下のことが分かる。年間の「平均利用率」は2.0%〜18.2%である。個々の路線の数値を単純平均すると約10%である。また、年間で瞬間に記録する「最大利用率」は8.5%〜73.8%であり、5割を超えるのは15経路中2経路に過ぎない。また、東北北部エリア募集プロセス（北東北募集プロセス）での計画ルートである秋田幹線、奥羽幹線を見ると、それぞれ「平均利用率」は11.4%、6.7%であり、特に高い数字ではない。このルートを増強するための建設には約10年間で1000億円超を要する、とされた。

一方で、電力会社が公表している「空容量」はほとんどがゼロとなっている。このギャップはどこからくるのだろうか。

この分析の結果は、2017年10月2日の京大コラムに発表され、大きな反響を呼んだ。また、10月5日には、北海道を対象に同様の調査結果を発表したが、ほぼ同じような数値であった。

後述するが、その後、東北と北海道では、運用容量の数値として予備回線を含む2回線分が計上されていたことが判明した。送電線は非常時・緊急時に備えて1回線余分に設置しているが、定義上は運用容量にこの非常時用を含めずに1回線分を計上するが（いわゆるN-1運用）、非常時用分も含めていたのだ。従って、運用容量は実際の値の2倍になっていて、設備利用率は実際の値の1/2程度になっていた。しかしながら、利用率を2倍にしたとしてもなお利用率は低い。

2.3.2　第2回京大調査：全国（2018年1月）

2018年1月には、京大の安田陽特任教授は、全国の上位2系統について同様の計算を行い、1月29日付の京大コラムにて発表した。送電線の平均利用率は約2割となった。空容量ゼロのルートは東北、北海道のみならず全国で増えており、問題となっていたが、やはり利用率は低い結果となった。

また、平均利用率と各電力会社が公表している空容量を並べてみると、興味深い点が浮かび上がった。空容量ゼロのルートが多い北海道、東北の設備利用率が低いのだ（図2-4、図2-5）。特に東北電力は、最も空容量ゼロのルートが多い一方で利用率は最低となった。理屈的には、空容量が小さいと利用率は高くなるはずである。これについては後に、各社により運用容量の定義（数字の出し方）が異なっていたことが判明する。前述のとおり東北、北海道は、分母に来る運用容量について、緊急用に待機している予備の回線を含めて計算していたのである。これは、情報開示のあり方が問われる事態と言える。

図2-4　空容量ゼロ率

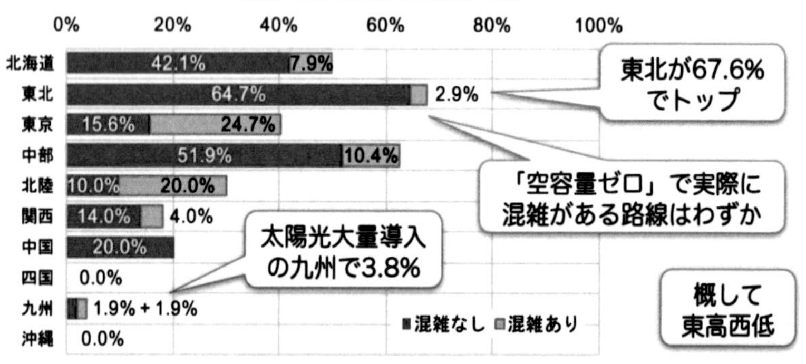

（出典）安田:送電線空容量および利用率全国調査速報（その1），京大再エネ講座コラム（2018年1月26日）

図 2-5　全国送電線利用率比較

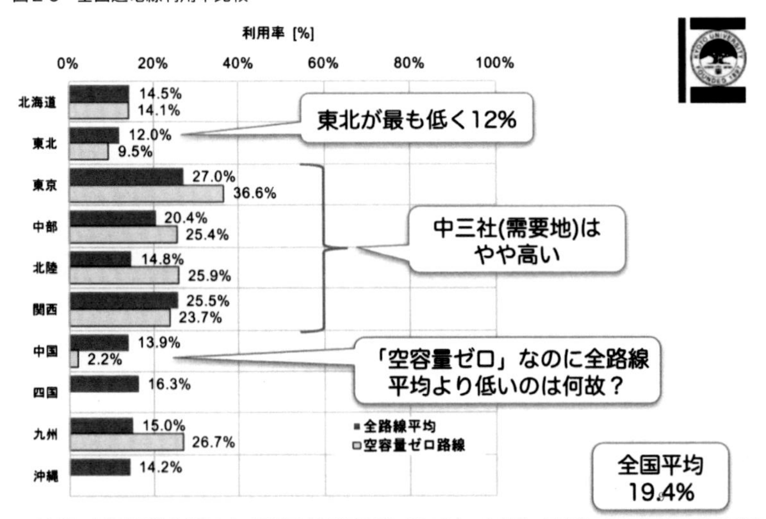

（出典）安田:送電線空容量および利用率全国調査速報（その1），京大再エネ講座コラム (2018年1月26日)

2.4　政府等の京大への反論「最大でも利用率は5割、重要なのは最大利用率」

ここでは、京大が提起した「送電線は空いている」に対する政府などの反論を紹介する。政府のウェブサイトにも特集で掲載され、広域機関、送配電会社なども同じ資料を使い、同じ理屈を展開した。筆者は当事者として、その流れの中に入ることになる。

◆京大コラムへの反響と政府等の説明

この京大の空容量レポートはかなりの反響を呼んだ。複数のマスコミに大きく取り上げられた。

再エネ開発を進めている事業者を中心に、送電線が空いていないとの理由で、長期間におよぶ地元調整努力が水泡に帰すような事態が多く生じていた。実際には空容量があるのでないかと思いながらも情報開示が不十分で、その確証を掴むことはできない。憤りやあきらめが交錯する。そうしたなかで、京大のデータを示した発表は、多少なりとも彼らに勇気を与えたと思われる。そのような声も聞こえてきた。

また、メディアは、電力流通問題に関しては、その専門性と分かり難さから、「送電線という文字が入るだけで記事を読んでもらえない」との認識がもたれていた。しかし、再エネは社会的にも注目を集めるようになっていたし、再エネが普及するに際して、送電線に接続ができないことが最大の制約になっていた。そこに、一方では「空いていない」、他方では「利用率が非常に低く、空いている」という分かりやすい対立構図が生じ、報道しやすいと感じたようだ。

2017年の11月から12月にかけて、京大グループ、特に安田教授は、数多くインタビューや講演の依頼を受けるようになった。政治の関係者にも一通り説明する機会があった。筆者も何回か政治の勉強会に呼ばれた。

概ね好意的に聞いてもらえたが、必ず出る質問があった。送電線の利用率を上げていくと停電が起きるのではないか、細長い国土の日本では送電線の利用にも限界があるのではないかなどである。政党などの勉強会には、電力関係者も聴きに来ている。彼らは事前に質問する内容を政治家にレクチャーしていることが窺われた。あるいは、再エネ普及に理解のある議員に対して「ご説明」をしている可能性があり、議員はそれを確認したいと思ったのかもしれない。

◆最大でも利用率は５割

また、政治の勉強会には、必ず関係省庁の担当者が呼ばれる。講演者の説明が終わると、議員から役所の方に質問が出る。「本件に関しては行政としてどこまで解決できてどこが課題として残るのか」などの問いである。それに対する回答では、次のフレーズがよく出てきた。「送電線は最大利用できても5割です」である。これには先生方も驚く。最大限利用したとしてもその程度であるとすると、利用率が低くてもやむを得ないのかもしれない、という表情となる。筆者は、その説明に違和感を覚えたが、その場ではあまり反論しなかった。

冗長性の考え方であるが、緊急時に備えて必ず1回線を空けておくという「N-1ルール」は世界的に存在する。送電線1ルートが2回線で構成される場合は、最大利用しても1/2との見方もできるが、1ルートが4回線の場合もあるし、1ルート2回線が並行して走っている場合もある。ループ状になっている場合も多い。マックス50%は単純化され分かりやすいのだが、事実を歪曲しようとしているのではないか、との思いに駆られた。この「(1)マックス利用したとしても5割」、「(2)インフラの重要性に鑑み利用率は平均ではなく最大で見るべき」という2点は、守旧派の説明の常套手段になっていく。

◆資源エネルギー庁のウェブサイトに載った「解説」

そして、資源エネルギー庁のウェブサイトに「送電線「空き容量ゼロ」は本当に「ゼロ」なのか？」という解説が載る。これは2017年末の12月

26日付でアップされた。その後、この解説に載っている説明や図表が、広域機関、電力会社の説明資料に登場する。「送電線の利用率が低いという説明は適切ではない」というのが、これらの関係者の主張だ。

政府の文書は、ウェブ空間では絶大な存在感を持つ。「系統制約」とか「空容量」とかで検索すると、真っ先に政府の解説が出てくる。筆者は、複数の再エネ関係者より、この政府コラムがアップされたことを聞くことになった。この強力なプロパガンダにどう対応していくか。次の節は、これに対する筆者の反論であり、ウェブ空間では小さい存在ではあるが、京大再エネ講座ウェブサイトに反論のコラムを掲載した。これは、一部のメディアに取り上げられたこともあり、火消しの役割を果たしたと考えている。次節は、2018年2月13日にアップされたそのコラムの内容に、一部加筆修正を加えたものとなる。

2.5　送電線利用率20%は低いのか高いのか －政府等説明への疑問

この節は、政府などが展開した「利用率は必ずしも低くない」に対する反論である。政府などの論理は、あまり洗練されているものとは言えず、カウンターは難しくなかった。一般にも分かりやすく説明したいという意識を割り引いても、高いレベルとは言いにくかった。それでも、政府などが一丸となると、メディアを含めて動揺する。

◆送電線の全国平均利用率は19.4%

京大再エネ講座は、広域機関が公表している電圧の高い上位2系統の送電線のデータを使用して、各ルートの設備利用率を計算した。2017年10月には東北北部4県および北海道について発表した。2018年1月には、全国の計算結果を発表した。全国平均で19.4%、最も高いのが東電管内で27.0%、空容量ゼロの多い北海道と東北はそれぞれ14.5%と12.0%であり、東北は最下位であった。

これらの結果は正確な数字として認められた。政府（資源エネルギー庁）、電力業界などから間違っているとの反論は出なかった。元々公表データなので当然ではある。一方で、いくつかの指摘や批判が出ている。代表的なのが以下の2つである。

＊この利用率は年間平均値であるが、貯められない電力において特に重要なのは最大値である。

＊利用率1～2割は低くないのではないか。送電線は最大利用しても5割である。

前者については、京大再エネ講座は最大値についても公表している。

後者であるが、政府、広域機関、電力会社は以下のような説明をしている。代表的な説明例として12月26日付でエネ庁ウェブサイトに掲載された「送電線「空き容量ゼロ」は本当に「ゼロ」なのか？」がある。これについて、考察していく。

◆「最大利用でも50%」を検証する

その根幹をなしているのが、「送電線が1ルート2回線の場合、信頼度確保のために常に1回線分空けている。従って最大利用率は5割である。」との説明である。これ自体は間違っていないが、ミスリードしやすい。

電力系統では、1回線、1変電設備が故障しても電力系統全体の安定供給を損なわないためのいわゆる「N-1基準」が適用されている。1回線分の電気を事故などの緊急時に他の送電線に流せるようにしているということだ。単純な1ルート2回線で考えると、最大利用率50%は間違いではない（図2-6）。この場合の利用率は、分母が2で分子が1であるが、分母の2は設備容量（1ルート2回線の場合の2回線分）である。

図2-6　送電線利用最大50％を強調する図

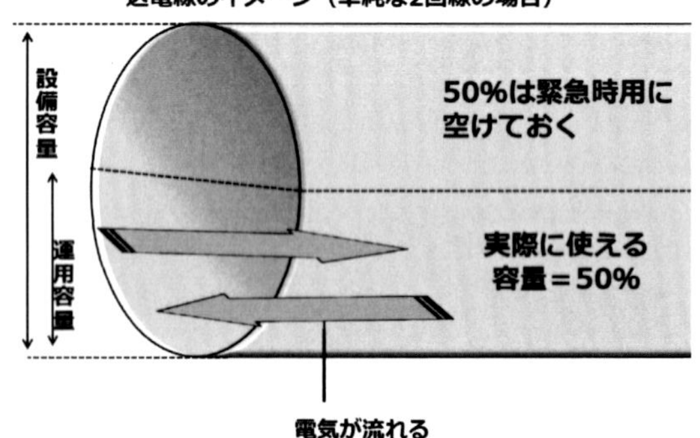

出所：資源エネルギー庁：送電線「空き容量ゼロ」は本当に「ゼロ」なのか？（2017/12/26）

◆2ルートの場合は75%

しかし、現実には信頼度確保のために多重化、ループ化の投資を実施してきており、単純に1ルート2回線だけで形成されてはいない。ルートが複数ある場合や多重化の場合は、最大利用率は50%以上となる。2ルートの並行2回線送電線の場合、この回線数を4とすれば最大利用率は75%となる。

さて、ここまでの「最大利用でも50%」というのは、設備容量である2回線を分母とすることを前提とした話であり、N-1基準を適用した運用容量ではない。一般に送電設備の利用率という場合は、分母は運用容量の1となる。これは、某電力会社にも確認した。

◆広域機関が公表している運用容量は何？

前述のように、京大が計算した利用率は、分子に実潮流、分母に運用容量を取っているが、いずれも広域機関が公表している数字である。繰り返しになるが、定義からして運用容量である分母は1ルート2回線の場合1回線になる。政府などはこの1ルート2回線の前提で、「1回線を100%利用したとしても、もう1回線は使わないので、最大利用率は50%だ」としている。すなわち、利用率の概念を曖昧にして、分母を2倍にしている。同じ考え方をすると、京大が計算した利用率平均2割は、政府などの考え方に合わせると1割になる。すなわち、政府などがイメージする利用率では1割になる。最大5割に対する2割と1割とでは印象が異なる。すなわち、政府などは意図的に印象操作をしていると考えられる。

前述のエネ庁ウェブサイトにおける「北東北の電力系統の利用率」には、「分母は2回線分容量」との記述が出ている（図2-7）。送電線の利用率を計算する場合の分母は2回線分なのか、それとも1回線分なのかとの疑問が生じる。どちらかにより利用率は大きく（2倍ないし1/2）変わってくる。最大5割とするからには、分母が何なのかが気になるところである。

以上は、2018年2月13日付の京大コラムの解説である。その翌日の2月14日に、広域機関は、一部の電力会社は運用容量のところに設備容量の2回線分を記入していたと「誤解を招く表現があった」と釈明している。

図2-7　北東北の電力系統の利用率

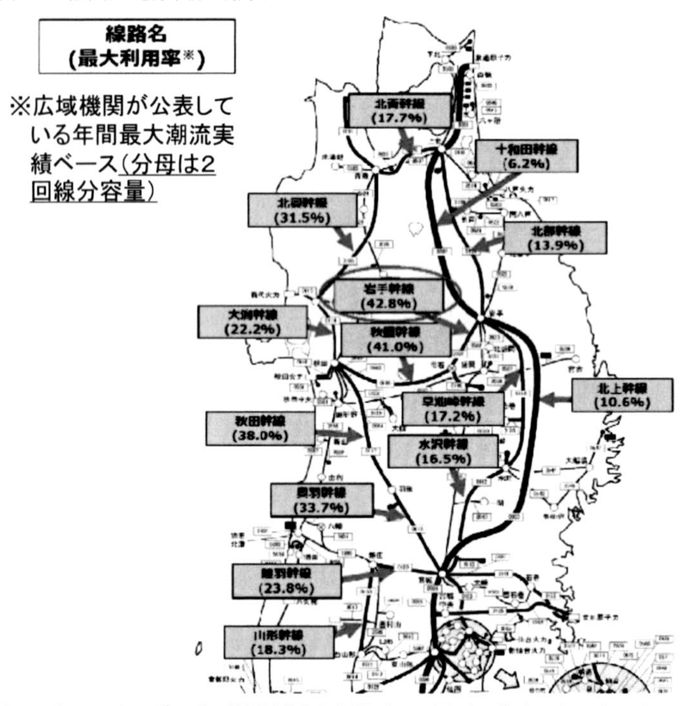

出所：資源エネルギー庁：送電線「空き容量ゼロ」は本当に「ゼロ」なのか？(2017/12/26)

◆海外事例は50%を超える

政府などは、「最大50%」が普通であることを補完するために海外の事例を利用する。ドイツの送電会社（TSO）である50Hertzの系統図を紹介し、使用率は全ルート50%未満であるとする。同社は旧東ドイツをエリアとしており、北部に風力発電が大規模に立地し、発電電力量（kWh）あたりの再エネ比率は50%を超える。1時間ごとに送電線利用率情報をウェブ上で公開しているが、政府はある一時点のデータ（2017年4月30日15時）をとっている。その理由として、風力の利用率が最大の時点を取ったとしており、その客観性を強調する（図2-8上）。

しかしそのタイミングは、需要地であるドイツ南部の需要が比較的少ないときで、送電線を流れる電力潮流は少ない。このウェブをクリックすると利用率が50%以上となるルートが存在する時間帯があることが分

図2-8　ドイツ北東部の送電線利用状況

2017年4月30日15時頃

出所：資源エネルギー庁（2017/12/26）：送電線「空き容量ゼロ」は本当に「ゼロ」なのか？

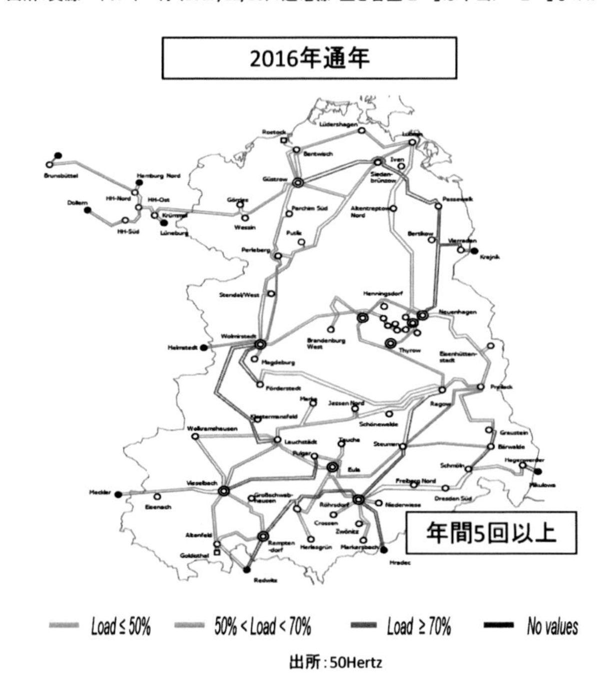

出所：50Hertz

かるはずだ。

図2-8下は、50Hertzが公表した2016年通年の利用状況である。年間5時間以上生じた事象を示しているのだが、明らかに印象が異なる。利用率が50%以上はもとより70%以上も存在する*2。

このように、政府などは政府のウェブサイトに、「送電線「空き容量ゼロ」は本当に「ゼロ」なのか？」と題する解説を掲載し、利用されていない現実をそうでもないような印象操作を行ったが、かえって間違いと不都合を露呈することになった。真実は歪められないし、ごまかそうとすると、かえって馬脚を現す。

2. 白黒（モノクロ）環境で、図2-8の詳細が分かりにくい場合は、京大再エネ講座コラム（京大コラム）の該当ページを参照いただきたい（「電線利用率20％は低いのか高いのか－政府等説明への疑問－」（2018年2月13日）http://www.econ.kyoto-u.ac.jp/renewable_energy/occasionalpapers/occasionalpapersno61）。

2.6　広域機関の修正発表と新たに判明したこと

政府などと京大との論争が続く中で、広域機関は数字の訂正と指摘された疑問の釈明を公表する。ここではそれについて解説している。公式の数字と見解、そして遅ればせながらも情報開示があると、それらを基に効率的に分析することができる。

2.6.1　広域機関の修正発表

このように、系統制約に関して多くの問題、疑問が出てきた。

＊空容量ゼロのルートの利用率が低い
＊空容量ゼロの割合が最も高いところの利用率が最も低い
＊混雑が生じない設定になっているのに混雑が生じている
＊運用容量の定義が不明瞭

こうした中で、広域機関は、送電線利用に関して、緊急に調査を行い、説明を行った。一回目は2018年2月13日に、送電線有効利用を議論する委員会にて、別途の議題として最後に説明がなされた。その後、まだ不備な点があったようで、3月12日に、メディア向けという形で、説明会が催された。ポイントは、以下のとおりである。

＊運用容量のデータに関し、エリアごと（送電会社ごと）に考え方が統一されておらず、基準を確認し統一を図る。正確なデータによる数値確認とエリア間比較を実施。
＊全期間にわたる見直しには時間を要することから、京大が対象とした1年間のうち最大利用時に焦点を当てる。

＊全ルート、混雑があったルート、空容量ゼロと公表されたルートに関し、最大利用時の利用率を公表。
＊空容量と利用率の整合性が全く取れていない理由についての説明。
＊データ不備の実態と解説。

2.6.2　空容量問題再考：広域機関3/12資料の解釈

この発表を受けて、筆者は、新たに公表された資料について解釈し、その評価を京大コラムにて発表した。ポイントは、最大利用率で見ても空いている、東北地方の空容量ゼロの原因は未稼働原子力の存在、情報をしっかり扱うことに対する認識の低さである。以下は、そのコラムの内容を更新したものとなる。

◆広域機関データ修正の意味と意義

本項では、電力広域的運営推進機関（OCCTO）が、3月12日に公表した資料「基幹送電線の利用率の考え方と最大利用率実績（確報値）について」を解説する。

2017年の10月に京大の安田陽特任教授と筆者が北部東北と北海道について、同年の1月には安田陽特任教授が全国について試算結果を、京大再エネ講座コラムにて発表した。送電線の平均利用率は東北・北海道で約1割、全国平均で約2割となった。エネ庁などは、ウェブサイトなどにて「1回線2ルートの場合1ルートは緊急時用に待機させておくことから利用率は最大でも5割」との説明を繰り返した。

筆者は2018年2月13日付けコラムにて、最大5割を強調するのは正確性に欠けミスリードする懸念がある、その場合だと京大が示すところの2割は1/2の1割となるなどについて指摘した。また、政府ウェブサイト掲載資料を見ると、利用率計算の分母である「運用容量」の定義や統一性に疑念が残ることも指摘した。特に焦点となっている東北電力の運用容量は2回線相当となっている可能性があるとした。

結局、電力会社（広域機関）の公表数字には重大な誤りがあり、東北電力は分母を2回線としていた。数字からは北海道電力も同様である可能性が高い。OCCTOは、3月12日付で「確報値」を公表し、報道関係者に説明を行った。修正と言っても、該当する1年間（2016年9月1日～2017年8月31日）のうち利用率が最大になる瞬間時における運用容量を見直しただけである。当該資料は17頁におよぶが、「利用率は最大値で判断すべきである」、「公表データの一部に誤解を招く箇所があった」などが主たる内容である。以下で、興味深い箇所を選択し、解説する。

◆東北の空容量ゼロの原因は原子力

まず表2-2である。最大利用率実績調査対象送電線として、エリアごとに関連の数値を掲げている。「空容量ゼロ「公表」送電線数」が多くて「ボトルネック箇所」が少ないエリアとしては、東北と中部が際立つ。東北は空容量ゼロ23路線に対して実際に混雑があったのは1カ所、中部は49路線に対して4カ所である。これに関しては「次項の理由により、当該送電線単独の空容量がゼロと公表しているものではないため、評価対象としては適切ではない」としている。

表2-2　最大利用率実績調査対象送電線

次項の理由により、当該送電線単独の空き容量がゼロと公表しているものではないため、評価対象としては適切ではない

エリア	上位2電圧送電線数	空容量ゼロ「公表」送電線数	ボトルネック箇所（※）
北海道	38	19	8
東北	34	23	1(1)
東京	82	30	11(2)
中部	78	49	3(4)
北陸	10	3	3
関西	55	9	6(1)
中国	29	4	0(2)
四国	27	0	0
九州	53	2	2
沖縄	15	0	0
合計	421	139	34(10)

※　変圧器容量の制約など、送電線以外にボトルネックがある場合は、その箇所数を()内に記載

出所：電力広域的運営推進機関「基幹送電線の利用率の考え方と 最大利用率実績（確報値）について」（2018/3/12）

「次項の理由」の解説が図2-9である。新規電源は立地候補地点付近の系統に連系することから、「公表している空容量は、当該系統単独の空容量ではなく、上位系統の制約も考慮した空容量」とされている。当該系統に混雑が生じていない場合でも、上位系統に空きがない（と計算される）場合はそれに繋がる路線はやはり空きがないと分類される。

図2-9　一般送配電事業者が公表する「空容量ゼロ」線路について

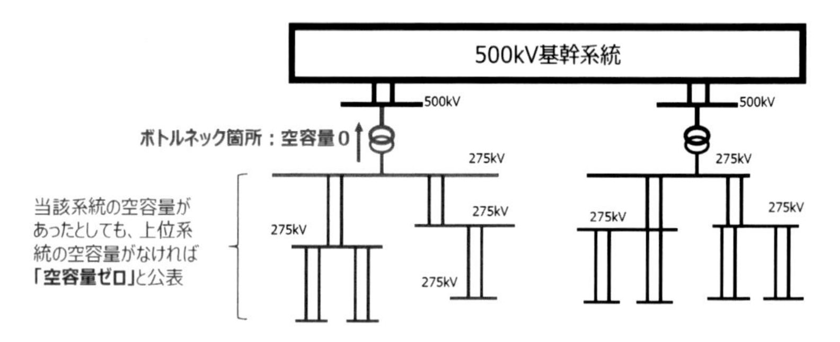

出所：電力広域的運営推進機関「基幹送電線の利用率の考え方と 最大利用率実績（確報値）について」（2018/3/12）

東北の場合は、上位系統は500kV（50万ボルト）となるが、上北変電所から西仙台変電所までの十和田、北上、青葉の3幹線である。青森県から宮城県に至る太平洋側を縦断する大動脈であるが、この空きがないのだ。しかし、実際の利用率を見ると平均で2.0%〜6.8%、最大で8.5%〜20.6%しかない（表2-1）。運用容量数値修正前のものであるが、2倍としても高くはない。青森県に停止中1基、工事・着工準備中3基の約550万kW分の原発が存在するが、この存在が効いていると考えられる。要するに、青森県の4原発の存在が500kVの空きをなくし、それゆえ北東北全体の空容量がゼロとなったのだ。稼働していない原発の存在が主要因となる。

一方、中部の空容量ゼロは49路線と多いが、原子力要因は東北に比べて小さいと考えられる。同社は、想定潮流合理化による空容量見直しを真っ先に実施し、4月に空容量ゼロ地域が大幅に減少する結果を発表している。見直しする前と後の要因を知りたいところである。

◆最大利用率約6割は高いのか

図2-10は、最大利用率の「確定値」である。エリアごとに全路線平均、空容量ゼロ公表送電線平均、ボトルネック箇所平均の3種類を掲げている。

図2-10　基幹送電線の最大利用率実績調査結果（確報値）

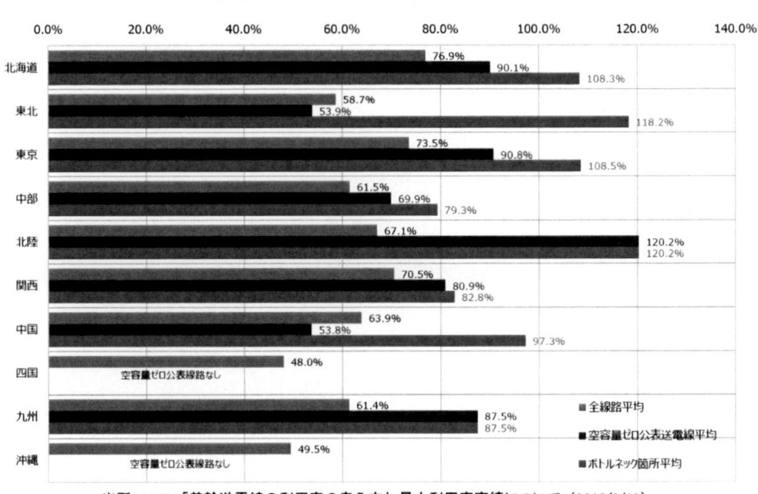

出所：OCCTO「基幹送電線の利用率の考え方と 最大利用率実績について」（2018/3/12）

最も意味があるのは全路線平均だと考えられる。容量ゼロ路線は既に「評価対象としては適切ではない」との解説がなされている。ボトルネック路線は数が少ない。そこで全路線平均を見ると、最小の48.0%から最大の76.9%まで幅があるが、概ね6割程度となっている。年間最大利用率6割をどう解釈するか。筆者は、さらに1回線待機していることを合わせると、余裕があると考える。

◆愕然とする「誤解を招く数値」

OCCTOや電力会社は、数値が間違っていたことを正式に認め、再調査の結果を公表した。しかし、年間最大値の時点に限っての公表（調査？）であり、エリアごとの解説も乏しい。何よりも、データの価値や処理に対する姿勢に疑問を感じる。原資料の14頁を見てみる。タイトルは「広域機関が公開している系統情報について」で、「広域機関システムにおいて公開している系統情報について、以下のとおり誤解を招く数値が入力されている例があることを確認した。」と続く。3項目の「誤解」が紹介されているが、なかでも「熱容量が制約要因の場合は、N-1故障を考慮し、1回線熱容量を基本とした運用容量であるべきところ、設備容量値(2回線熱容量)が入力されているものがあった。」は、数値が2倍あるいは1/2になることである。基礎データを軽視している、また、データの取り扱いがずさんに思えて、非常に残念である。

3

第3章　日本版コネクト&マネージと北東北募集プロセス

この章ではまず、再エネ推進の行き詰まった状況を打開する対策で、従来の保守的な系統接続ルールをより実態に合わせたルールに変えることで現状の送電線を有効利用する「日本版コネクト&マネージ」について解説する。

次に、空容量問題の象徴であり、風力大規模導入の鍵を握る対策「北東北募集プロセス」について解説する。同プロセスは、送電線の計画、接続認定のプロセス、費用負担、コネクト&マネージの効果など多くの面で重要な論点を含んでいる。

3.1 日本版コネクト&マネージ：疑似オープンアクセスと出力抑制

この節は、「日本版コネクト&マネージ」の解説である。欧米流の市場取引とIoTを利用して時々刻々送電線の空き具合（混雑度合い）を計算して、効率性、公平性、透明性を備えて徹底的に有効利用するシステムには遠いし、先着優先などの現状システムを前提としたものではあるが、改善の最初のステップではある。

◆コネクト&マネージ：先着優先の枠組みは維持しつつ利用を増やす

再エネ電源の主力化を打ち出したなかで、送電線の容量不足が制約となっている。一方で送電線は実は空いているようだなどの議論が登場する。これを背景に、政府は送電線の有効活用を図る対策を打ち出す。それが「日本版コネクト&マネージ」である。これは、「想定潮流の合理化」、「N-1電制」、「ノンファーム型接続」の3方式からなる。実際の電気の流れ（潮流）に近づけて運用容量を計算し直す。あるいは緊急用として待機している送電線を利用する。

現状は、以下のように、超保守的な前提の下に計算をしている。

＊需要の時期：最も潮流が大きくなる「最大需要時断面」
＊供給の稼働：計画中を含む全ての電源が最大出力で稼働
＊冗長性の確保：緊急時に備えて送電線、変圧装置を常に1つ分利用せずに空けておく（N-1運用）

以下、コネクト&マネージの3方式について解説する（図3-1、図3-2）。

図3-1　日本版コネクト&マネージのイメージ

- **既存系統の最大限の活用のため、従来の運用を見直し**、①～③の領域を活用。
- 詳細ルールを検討の上、**順次運用に反映**。

	従来の運用	見直しの方向性
①空容量の算定	全電源フル稼働	実態に近い想定 （火力はメリットオーダー、再エネは最大実績相当）
②緊急時用の枠	半分程度を確保	事故時に瞬時遮断する装置の設置により、枠を開放
③出力制御前提の接続	通常は想定せず	混雑時の出力制御を前提とした、新規接続を許容

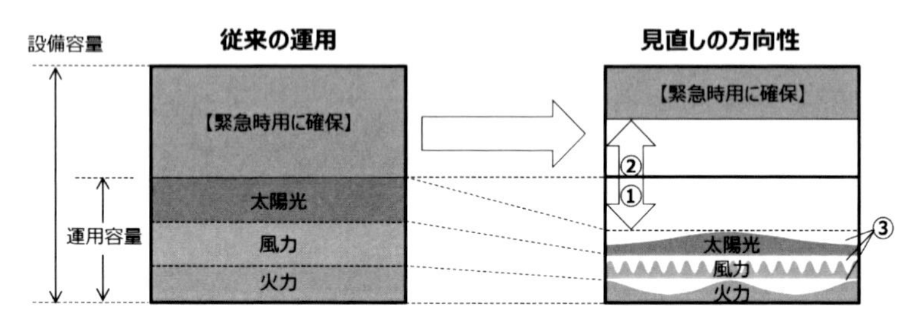

出所：資源エネルギー庁：「再エネ大量導入・次世代電力NW小委員会」（2018/1/24）

◆想定潮流の合理化

現状の超保守的とも言えるルールを、需給動向により時々刻々変わる潮流の実態に合わせて緩和する。これが「想定潮流の合理化」である。検討の結果、ベースロードである原子力、一般水力、地熱は従来通り最大出力とするが、火力、ベースロード以外の再エネは、実態に合わせて見直すことになった。しかし再エネは、同じ下位系統に繋がりエリアが限定されたものは同時に最大となりうることから、「想定潮流の合理化」の効果は、あまり期待できないとされた。

結局、火力発電の実際の利用状況を反映することがメインとなる。工事中、着工準備中を含めて原発は引き続き最大容量でカウントされる。また、VRE（Variable Renewable Energy、変動性再生可能エネルギー）であるが、風力と太陽光の出力ピークには時間差があるが、この「ならし効果」がどの程度反映されるかは不透明である。

3方式のうちこれが先行し、2018年4月にも導入されるとのことであったが、中部電力が4月に公表して以来、他のエリアで公表されたとの報道は出てこなかった。2018年8月2日に関連の最終ガイドラインである

「電源接続や設備形成の検討における前提条件としての想定潮流の合理化の考え方について」が広域機関により取りまとめられ、ようやく準備が整った。ちなみに東北電力の発表は11月26日であった。

ガイドラインでは、きめ細かいケース分けが施された。ルートは、エリア全体の流通に関わる基幹ルート、放射線状のルート、主に再エネが接続されるローカルルートに分類された。時期では昼ピーク、太陽光の減少に伴い顕在化するピーク、非ピークに分類された。エリア全体の潮流に関わる基幹ルートでは想定潮流合理化のイメージに近いが、それ以外は「ドミナントな発電施設」は定格出力が前提となり、既存ルールに近づく。大きく後退した感は否めない。11月26日に公表されたマップを見ると山形県は、主要なところのゼロは解消していなかった。

資源エネルギー庁の幹部が「想定潮流の合理化は直ちに適用する。2018年4月に開始する、北東北募集プロセスは先行実施にて枠を拡大した。」と発言し、期待も大きかった。2018年4月下旬には中部電力が、空容量ゼロエリア解消が大きく進んだマップに更新した。しかし、その後沈黙が続き、8月2日にガイドラインが公表された。従来ルールの色合いが濃くなったようにみえる。某エリアでは、実際に空容量区間が狭まったとしている。その間に広域機関や政府が公表した「事例」では、エリア名やルート名の出ないアルファベット記号で表示された個別適用の「成果」にとどまっていた。中部はフライングだったのかもしれない。

このように、方針が二転三転し、スケジュールを含む情報開示は不十分だった。不透明感は大きく、依然として系統の情報開示は進んでいないという印象を強く受けた。鳴り物入りで導入された「日本版コネクト&マネージ」であるが、「玉ねぎの皮むき」の感は否めない。

◆N-1電制

事故などによる設備ダウンに対応するために、1回線、1バンク（変電設備）を利用せずに待機させていた（これがN-1）。このルールを緩和し、事故発生時には出力抑制（電源制御）することを前提に接続を認めることにした。1ルート2回線の設計が多い日本では、全てに適用されれば、

図3-2　コネクト&マネージ（系統利用拡大）の進め方

- 更なる系統利用拡大に向けて、「想定潮流の合理化」「N－1電制」の導入により空容量を拡大していく。
- さらに、年間平均利用率が2～3割程度にとどまっている送電線もあることを踏まえ、夜間や端境期など電力潮流の少ない断面の系統利用を促す仕組み「ノンファーム型接続」の早期導入を目指していく。

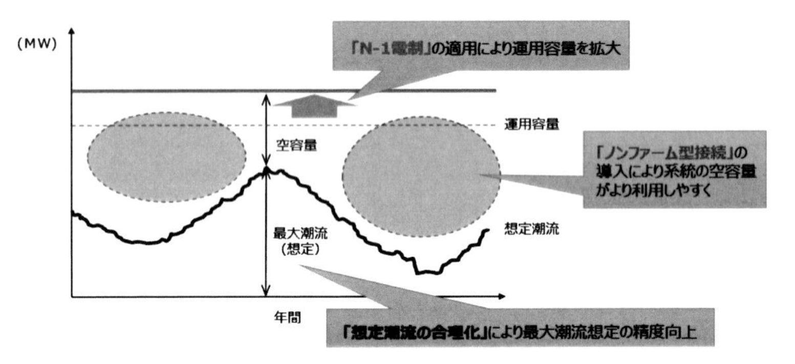

出所：OCCTO「基幹送電線の利用率の考え方と最大利用率実績（確報値）について」（2018/3/12）

その効果は非常に大きい。単純に全てが1ルート2回線とすると接続可能な容量は2倍になる。実績を見ると、事故が発生する確率は非常に低い。額面通りの運用となれば、大きな効果が生まれる。

しかし、信頼度維持の視点で厳しい条件が付けられた。ループ状の超高圧は複雑で制御対象が多くなることから不適用、配電線も効果が限定的であるなどの理由で不適用、1回線当たりの総制御対象電源は10カ所までなどの運用となり、見込まれる空容量増加は、そのポテンシャルに対して低い水準に留まる。全国大での適用効果は、速報値で4040万kWである（2018年12月4日、広域機関発表）。

事故時の出力抑制については、どの発電設備が抑制の対象となり、その損失を誰が負担するのかが、大きな議論を呼んだ。抑制対象設備は実施しやすいところとなるが、損失負担は喧々諤々の議論になった。接続できるというメリットを享受する新設設備が負担するべきとする意見、公平に負担すべきとする意見が厳しく対立したが、前に進むことが肝要との合意の下で、当面は新設設備負担で進められることとなった。議論の俎上にきちんと載ったことは評価しうるが、先着優先の思想は根強い。

◆ノンファーム型接続

N-1電制は非常事態に備えて待機している設備を有効利用するもので、接続契約の際に、送電会社が了解なしに電源遮断の指示を出すことができる。これに対して、定常状態にて混雑を制御することにより、空いている時間帯を有効活用するものが「ノンファーム型接続」である。

政府・電力業界は、「送電線の有効利用」を目指して、「日本版コネクト&マネージ」を進めており、「想定潮流の合理化」を織り込んだ空容量の改訂作業を行っているところである。2018年4月にも新ルールを反映した「送電容量マップ」が公表されることを期待していたが、中部電力が4月下旬に適用後のマップを公表して以降、沈黙が続いた。8月2日に最終とされるガイドラインが広域機関から公表され、その後各エリアで発表されることになる。マップにて包括的に示されるものから、「個別相談」の中で秘かに対応されるのかは不明である。いずれにしても2018年4月以降、不透明な中で推移した。系統の情報開示に関わる消極的な姿勢は継続している。

3.2 「北東北募集プロセス」で電力インフラを考える

空容量ゼロの状況で接続を希望する事業者が複数存在する場合、送電線などの増強工事費用を共同で負担する見返りに接続が認められる。これは空容量ゼロ問題の契機となった北東北3県ゼロ問題の解決策として登場してきた。東北地方の電力インフラを根底から変える大投資ではあるが、対症療法的なイメージもある「募集プロセス」でこのような対応をすること自体、非常に違和感がある。この節では、これを考察する。

3.2.1 現行の系統運用・接続ルール

◆先着優先、契約ベース

現状の系統運用ルールは「先着優先」、「混雑は生じさせない」、「契約ベース」という考え方を基礎としている。送電線は混雑させない、してはいけないという考え方の下に設備形成や接続契約締結が行われている。これは、接続契約が締結された発電設備は、常に定格容量の出力まで運転できる権利を持つことと表裏一体の関係となる。接続契約された電源は、その全てが同時に定格まで出力を上げても、混雑が生じない。また、接続された電源が遠方の需要サイドと相対にて売買契約が締結される場合は、その契約上のルートを全て流れるとの前提となる。これが「契約ベース」である。

こうした考え、ルールの下では、送電線で使用できる容量は、接続契約締結済みの電源の定格容量を単純に積み上げたものとなる。これに需要の想定が加わる。例えば、需要の大きい時期にある供給地点からある需要地点に向かう契約上の数値が大きい場合は、運用容量を最大限使用するようなことが生じうる。これらの前提を基にシミュレーションした電気の流れを想定潮流と称するが、この場合、直ぐに空容量はゼロとなる。

しかし、実際には、契約ルートである発電設備ポイントAから需要地ポイントBに向かうまでに、複数のルートを通ることになり、また通常は途中に別の発電設備や需要が存在する。需要も変化する。実際にはポイントAからポイントBに流れる電気は、多くの要因により時々刻々変化する。単純に定格出力が契約上のルートを通るわけではない。

◆個別協議

前述のような保守的な考え方で計算した結果、空容量がゼロになれば、系統接続はできなくなる。しかし、供給義務の観点から、(特にFIT法により再エネに関しては) 門前払いはできず「相談に乗る」ことになる。これが「個別協議」である。すなわち、守秘義務を前提に、系統側は申し込みを受けた事業の出力と地点を基に設置後の潮流シミュレーションを行う。系統増強に要する負担金の額や電源線 (引込線) のルートや工事費についてアドバイスを行う。従って、空容量がゼロになったからといって絶対に接続できないというわけではない。しかし、この増強工事や電源線建設の負担金が膨大になることもある (表3-1)。そこで、電源の開発をあきらめてしまう例が多い。なお、増強工事が完成する前でも、緊急時の出力抑制を前提に暫定的な接続も認められる。

表3-1　法外な接続コストの例

■連系負担金の高さと工期の長さにより事業化が難航している案件一覧

場所	容量[kW]	負担金[億円]	kWあたり単価[万/kW]	工期
東日本	1,940	558.8	2,880.7	19年0ヶ月
東日本	165	21.2	1,286.6	6年0ヶ月
西日本	1,940	42.0	216.6	5年2ヶ月
西日本	1,115	22.5	202.3	14年6ヶ月
東日本	1,115	4.5	41.0	2年0ヶ月
東日本	1,940	7.4	38.6	1年4ヶ月
東日本	1,900	4.0	21.3	2年11ヶ月
東日本	1,115	1.3	12.1	1年7ヶ月
西日本	1,940	1.4	7.5	2年0ヶ月

出所：京大再エネ講座シンポジウム
(2017年11月2日)

従来のルールでは、空容量がゼロになってから最初の申込者が系統増強費用を全額負担する。その増強により、それ以降の接続希望者は、余裕がある範囲で、無償で接続できる。これはフリーライドと称されるが、誰が考えても不公平である。たまたまゼロになった直後の接続要望者が全てを負担するこの方式は、ロシアンルーレットとも称される。

◆募集プロセス

そこで考えられたのが、「募集プロセス」である。これは、系統増強が必要となる場合に、その後接続を希望する複数の事業者を募集し、増強容量を超す応募があった場合は、入札で接続可能となる事業者を決める方式である。不公平感は薄まるが、落札結果次第では、重い負担金を敬遠して応募を取り下げる動きも生じ、仕切り直しとなる可能性がある。実際に、何回も仕切り直しの入札が行われた例が少なくない。

いずれにしても、募集プロセスは、ローカルでの不足に対応するイメージであった。しかし、北東北募集プロセスは、北東北3県全域をカバーするものであり、大規模送電線整備を伴う。そのインフラ整備の効果は東北全体に及ぶ公共性の高いものになると考えられる。従って、インフラ整備を何のために誰が整備するかという問題に直面する。このプロセスは、様々な大きな問題を含んでいるが、以下で一つの項を設けて解説する。2018年2月25日付の京大コラムにて、当問題について筆者が考察・紹介したものを基に加筆・修正した。

3.2.2　北東北募集プロセス問題の考え方 ―送電線投資は誰が負担するか、東北北部エリア募集プロセスへの疑問

◆個別協議、募集プロセスで開発者が増強工事を負担

強い再エネ開発意欲を背景に、多くの地域で送電線の空容量がゼロとなっており、電源開発のための系統接続ができない状況にある。この場合は、事業者と電力会社とで系統増強費用などについて「個別協議」を行い、合意ができれば接続が可能となる。増強された結果送電線に余裕が生じれば、その後の開発者は負担なしに接続できる可能性も出てくる。増強工事を単独ではなく複数の開発予定者による共同負担とする仕組みが「募集プロセス」である。募集容量を上回る応募者がある場合、入札

により選別することになる。

日本では、空容量ゼロの場合、基本的に系統増強費用を開発事業者が負担するルールになっているが、増強工事は専ら新規接続を希望する事業者の便益になる、との認識が背景にある。当認識の是非は大きな議論を呼んでいるが、ここでは触れない。

◆東北北部エリア募集プロセス

さて、風力など再エネ資源が豊富な東北地方では、多くの募集プロセスが進んでいるが、なかでも、「東北北部エリア募集プロセス」は、規模が大きく、系統増強工事に要する期間が非常に長い。そこで、完成前でも事故時の出力抑制を前提に接続を認める「暫定措置」が採用された。これらを背景に、このプロセスは大きな注目を集めている。青森、岩手、秋田の北東北3県は特に風力開発計画が多いが、2016年5月末に全域で送電線空容量ゼロとなり関係者に大きな衝撃を与えていた。

広域機関と東北電力は、2016年10月に280万kWの募集を開始し、2017年8月時点では風力を中心に1550万kW分の応募があった。2017年12月には募集枠が350～450万kWに拡大されるとともに、増強工事ルートが公開された（図3-3）。2018年1月30日の政府の新エネルギー小委員会系統WGにおいて、再入札の時期が当初予定の2018年2月から延期されること（その後4月以降と発表）、募集枠が拡大したのは「想定潮流の合理化」により従来の計算ルールの変更による、との説明がなされた。これは、前日に開催された京大再エネ講座主催のシンポジウムにて、政府および東北電力より説明があった。

前置きが長くなったが、本項では、この東北北部エリア募集プロセスについて、工事の趣旨と負担のあり方について考察する。

◆募集プロセスとしての送電線大ループ化工事

東北電力は、2017年12月の新エネルギー小委員会系統WGにて、東北北部エリア募集プロセスの対象工事として、新潟県から山形県を経由して秋田県に至る500kV送電線整備計画を発表した。新潟県北部（新潟変

図 3-3　東北北部エリア募集プロセス

募集要領(H29.3.9)

入札対象工事（概要）　**募集量**:280万kW

秋田地区から西仙台変電所までの50万Vルート構築

青森(変)
上北(変)
能代(変)
能代火力
秋田(変)
秋田火力
岩手(変)
宮城(変)
新庄(変)
西山形(変)
越後(開)
西仙台(変)

系統増強コスト：**4万円～5万円/kW**

2017/08　**応募**:344件、1545万kW
　一陸風446、洋風786、太陽165、火力120他

第13回 系統WG資料(H29.12.12)

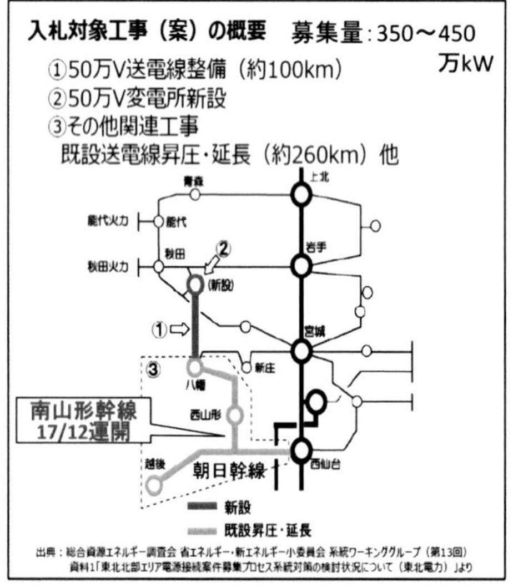

出所：東北電力資料に一部加筆

電所、朝日幹線）→山形県南部（朝日幹線、南山形幹線、西山形変電所）→山形県中央・北東部（西山形変電所、八幡変電所）→秋田県沿岸部（八幡変電所→秋田変電所南東の新設変電所）の広範囲におよぶルートである（図3-3下）。新潟県と山形県内では、既存275kV線の500kVへの昇圧を基本とする。秋田県内は500kV線を日本海沿岸に沿って新設する。

◆大ループ化工事の意義

このルートは、東北地方の供給信頼度が向上する上で意義の大きい事業である。新潟を含む東北電力管内7県は、広大な地域を抱える割に需要規模は大きくない。東北電力管内は仙台市、新潟市、福島県主要部、秋田市、八戸市などに需要が集中するが、発電設備もこれらの需要地近辺の沿岸部などに集中立地しており、そこから周辺の需要地に供給するシステムとなっている。特に新潟港、仙台港に立地する設備は、中・北部地域への最大の供給拠点となっている。山形県以北エリアへの安定供給を考えた場合、日本海側と太平洋側、南部と北部を結ぶルートの拡充は非常に重要であり、東北電力にとっても長年の悲願であった。

南北ルートの拡充は、青森県（上北変電所）から宮城県（宮城変電所）にかけて従来の275kVルートに加えて500kVルートが2011年6月に運用開始している（図3-4）。これは、3.11震災による大停電を受けて、当初予定を2年4カ月前倒ししたものだ。当時東北電力は「当社管内の北部と南部の連系が増強され、当社管内全域の電力系統の強化が図られるものです。また、これにより、東通原子力発電所の外部電源確保の信頼性向上にもつながるものと考えております。」と説明している。

今回の計画が実現すれば、日本海ルートの500kV化が実現し、東北エリアの500kVループ化がかなりの程度完成することになる。この意義は、以下の東北電力の説明によっても明らかである。

◆南山形幹線建設の意義

この計画の一部を成す南山形幹線は、西山形変電所と越後から西仙台に至る朝日幹線を繋ぐことで新潟県、山形県、宮城県が500kVにてルー

図3-4　北東北４県基幹送電線配置（図2-3再録）

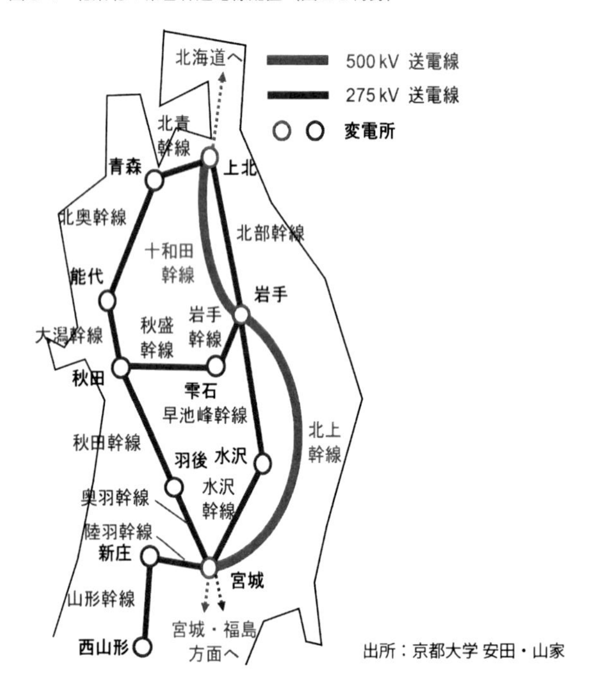

プ化される核心とも言える事業である。同幹線は、2015年6月に着工し2017年12月に容量275kVにて竣工しているが、500kV設計としていた（図3-5）。

図3-5　南山形幹線、系統図

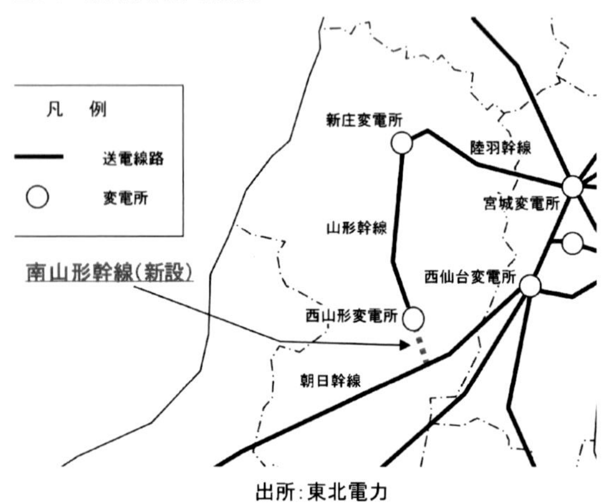

着工時の東北電力の説明は以下のとおりである。

○南山形幹線の本格工事開始について　　　平成27年6月1日

～山形県・秋田県南部沿岸地域へのさらなる安定供給に向けて～

当社は本日、南山形幹線（電圧：27万5千ボルト、こう長：22.5km）の新設工事を開始いたしました。

現在のところ、山形県内への電力供給は、米沢市や鶴岡市などの一部の地域を除き、宮城県方面からの供給ルートで行っております。東日本大震災では、山形県内の送電設備に被害はなかったものの、宮城変電所（宮城県加美郡加美町）が停止したことから、山形県内でも大規模な停電が発生しました。

こうした経験を踏まえて、当社は、西山形変電所（山形県東村山郡山辺町）と既設の朝日幹線（電圧：27万5千ボルト）とを結ぶ新たな供給ルートを構築することにより、山形県および秋田県南部沿岸地域への供給ルートを多重化し、同地域における電力のさらなる安定供給を図るものです。

（以下省略、下線は筆者挿入）

東北北部エリア募集プロセス開始以前であるが、今次計画と同じルートが既に予定されている。東日本大震災の経験から、東西そして南北連系の重要性が改めて浮き彫りとなり、それを実現する効果が強調されている。これは、太平洋側の500kV送電線と同様に、管内需要家のための工事であり、送電会社が負担する（一般負担）。

◆どうして大ループ化投資を再エネ事業者が負担するのか

今回の募集プロセス対象工事は、このときの説明と同じルートであるように見える。山形県北部沿岸の八幡変電所から秋田市東南に位置する変電所までの経路は新設である。青森県から宮城県までの500kVルートと今回の計画と合わせると、500kVルートを中心とする管内大ループ化の完成に向けて大きく前進する。

これにより、東北全体の系統が安定化し、再エネなど限界費用の低い供給力が増加し、卸価格が低下し、企業立地が促進されることが期待できる。インフラ整備効果であるが、これは幅広いメリットが期待されることから、送電会社の負担で建設し需要家から電気料金で回収するのが道理であろう。東北電力も「系統全体での効果が期待できる良い投資」との認識を持っている。前述のとおり、かねてより同社系統整備計画の根幹に位置付けられている。

然るに、本投資は募集プロセスに組み込まれていることから、投資負担の多くは北東北3県に発電所建設計画を持つ事業者、特に環境アセスメント準備などにより遅れてきた風力関係者が負担することになる。風力は、募集申込総量1550万kのうち1250万kWを占め、うち800万kWは洋上である。

エネルギーの基本インフラである送電線は、ネットワーク整備であり多様な効果を生む。特に今回の計画は、既存基幹系統と広範囲にわたり繋がりループ化し、ネットワークの強靭化に貢献するものだ。青森県から宮城県に至る太平洋側縦断ルート、新潟県から宮城県に至る横断ルートに山形県と秋田県を大容量設備で組み込むもので、供給信頼度向上に大きく寄与する。既設は電力会社が負担したが、今回は北東北に計画を有する主として風力開発事業者が一部を負担する。北東北への新規立地にも資するが、それが唯一の意義とは思えない。需要家や地域全体に効果が及ぶ投資を風力事業者がかなりの程度負担するように見える*[1]。電力インフラ投資の意義と負担について原則に立ち返った見直しが必要である。

なお、北東北募集プロセスに関してはほかにも、接続ルールの見直しが行われている最中であること（コネクト&マネージの議論)、秋田・山形両県で開発を計画している事業者が募集対象になっていない、どうして再エネなどの新規設備が負担するのかなどの重要な論点があるが、機会を見て取り上げたい。

---

1. この点は後に見直しが行われ、再エネに負担がかかるルールは修正された。これについては後述する。

3.3　北東北募集プロセスの展開

ここでは、北東北募集プロセスを巡り展開された重要な動きについて、解説する。風力発電業界は、募集に応募する立場であるが、同プロセスが進捗している時期に展開された複数の重要な環境変化により、応募自体が大きなリスクを抱える事態となった。追い込まれた苦境を打開すべく、政府に募集延期の要望書を提出した。その内容は理解できるものであり、再エネ推進、電力グリッドのあり方に関して多くの示唆を与える。

また、同プロセスを進めていく中で、送電線増強費用負担のルールが変わる。従来の再エネに不利なルールでは、入札希望のほとんどを占める再エネは投資回収ができないからである。

3.3.1　風力発電協会の募集プロセスに関わる要望

北東北募集プロセスに関しては、日本風力発電協会（JWPA：Japan Wind Power Association）が資源エネルギー長官宛に、2017年12月に要望書を提出した（http://jwpa.jp/pdf/20171222_JWPA_request.pdf）。募集の締切である2018年2月の期限を延期してほしいということである。理由は、①一般海域における洋上風力事業も募集案件に含まれるが、その仕組みを担保する法律が通常国会に提出される予定であること、②送電線の有効活用に関わる「日本版コネクト&マネージ」の議論が行われているところであること、③エネルギー基本計画改定の議論が進行中であることの3点である。

①は、沖合で事業を展開する際は、港湾地域などに属さない「一般海域」である場合が多くなるが、そこで長期にわたり事業を行うことを制度的に担保する仕組みが不可欠になる。占有・事業できる期間、事業活動エリア（ゾーニング）、民間事業者の入札を含めた募集方法などが定められる必要がある。一方で、北東北募集プロセスには、一般海域におけ

る洋上風力事業が含まれる可能性が高く、募集プロセスにおける入札と「洋上風力新法」における入札との関係が問題となる。特に、募集プロセス入札に要する負担金は新法成立の可否によりどのような扱いになるかは、大きな懸念点である。2017年8月時点の調査では、募集プロセス応募事業規模1550万kWのうち洋上風力は800万kWを占めていた。

②は、空容量ゼロのエリアが増えるなど接続制約が社会問題化する中で、また低い水準であるが2030年の目標である再エネで22〜24%を実現するために、政府は、送電線の有効利用の検討を「日本版コネクト&マネージ」との名称で検討を開始していた。これは、従来の運用ルールを見直すなかで、設備の新設・増強を伴わずに、空容量が増えるということである。この検討が行われている最中で、大規模な増強を前提とする募集プロセスに踏み切ることは、非常に分かりにくい。コネクト&マネージを実施した結果、かなりの程度の空容量が、手続きや負担金なしに出てくる可能性があるからだ。

③は、エネルギー基本計画改定の議論を行っている最中であり、その結果次第では、再エネにあるいは個別の再エネに関わる方針が変わる可能性があるからだ。

北東北募集プロセスは、募集プロセスが想定している局所的な制約とは異なり、東北エリア全体に影響を及ぼす規模であり、事前の募集調査でも1550万kWもの計画が手を挙げている。JWPAの要望は十分に理解できるものであった。

3.3.2 募集プロセスの延期と対策の遅延

結局、2月に予定されていた募集受け付け終了が、4月以降に延期されることになった。政府の決めたスケジュールが民間の要請により延期されることは、あまり例がない。それだけの無理があり、延期すべき理由があった。4月以降とは、中途半端で不透明感を伴うものであったが、結局これは8月下旬となった。残念ながら、洋上風力新法は、通常国会では審議時間不足により廃案となり、次期国会で再審議される見通しとなった。募集プロセスの応募には、一般海域での洋上風力事業も含まれているようであり、法未成立の中での見込み発車となり、それに伴うリスクを負うことになった。

一方、日本版コネクト&マネージであるが、第一弾の想定潮流の合理化による空容量の見直しは、8月末現在、まだ発表されていない。筆者の知るところでは、4月に中部電力が、適用前と後を比較したマップ付きで公表したが、空容量ゼロ区間が大幅に減る結果となっていた。しかし、それ以外のエリアでは、中部電力のような明確な公表はなされていない。東北でも、北東北募集プロセスとエリア全域におよぶ想定潮流の合理化の関連を知りたいところであるが、まだ発表されていない*2。

こうした状況下では、新法廃案が決まった時点で、募集プロセスの再延長があってもよかったと考える。

3.3.3 系統増強費用負担とその見直し

◆風力、太陽光に重い負担

募集プロセスに応募する者にとって系統接続に関わる費用負担は、投資判断に大きな影響をもたらす。北東北募集プロセス開始当時の増強工事負担ルールは、上位2系統未満に関しては事業者負担（特定負担）、上位2系統以上に関しては送電事業者負担（一般負担）であった。この一般負担には条件がついており、建設工事単価の大小に応じて、また発電の技術ごとに、特定負担を組み合わせる（表3-2）。石炭火力の場合は、工事単価がkW当たり4.1万円までは一般負担すなわち事業者負担はない。風力は、2.2万円までは一般負担でそれを超える場合はその分について特定負担となる。太陽光は1.8万円が区切りとなる。電源技術ごとに差別を設ける理由はよく分からないが、「想定」設備利用率が高いと一般負担の割合が低くなるという考え方を採用した。ルール設定当初、電源ごとの差異は公平性に欠けるのではないか、との議論が生じた。水準であるが、

2. 東北地方は2018年11月26日に発表された。しかし北東北3県は、募集プロセス進行中であるからか、空容量ゼロのままである。

4.1万円は経験値として最大であり、ここまでの水準は多くは生じないとの説明もあった。

表3-2 送電線上位2系統増強費用に関わる一般負担上限値（見直し前）

（単位：万円/kW）

ﾊﾞｲｵ(専)	地熱	原子力 LNG	石炭 ﾊﾞｲｵ(混)	小水力	水力	洋風 石油	陸風	太陽光
4.9	4,7	4.1	4.1	3.6	3.0	2.3	2.0	1.5

出所：広域機関資料を基に作成

◆風力が東北地方のインフラ費用を負担

しかし、そうではなかった。広範囲・大規模で圧倒的な存在を持つ北東北募集プロセスに関しては、増強費用の単価は4～5万円/kWとの前提が置かれた。すなわち、石炭火力は、自己負担がゼロになる可能性があるが、風力や太陽光は確実に多額の負担が課されることになる。例えば、秋田港に120万kWもの石炭火力事業の計画があったが、これは負担ゼロになる。手が挙がった1550万kWのうち1250万kWは風力と8割を占める。従って、募集プロセスの増強費用の多くを風力事業者が負担する、ということになる。石炭火力のために風力が負担をすると見ることもできる。3県をカバーするインフラ増強費用を、どうして風力事業者が負担しなければならないのか、との議論が起きた。これは、できてしまえば誰でも利用でき、様々な効果が期待できるインフラ事業という性格からして、しかも局所ではなく広域におよぶ事業からして、当然生じる疑問である。インフラの整備は誰が負担するのか、募集プロセスとは何なのかという基本的な論点を突き付けた。

◆想定潮流の合理化を先行適用

こうしたなかで、2017年12月から2018年1月にかけて、政府の委員会において、当初予定した募集枠を280万kWから350万kW～450万kWに拡大するとの方針変更が提示された。青森県に集中する場合は350万kW、そうでない場合は450万kWということである。拡大できるとする根拠は、想定潮流の合理化を先行して実施した結果だとする。具体的には、秋田火力、能代火力、八戸火力について、実態に応じて想定設備利用率を引き下げる結果、空容量が拡大するとのことであった。

◆初期投資負担の公平化

もう一つの重要なルール変更が行われた。2018年6月に、上位2系統増強費用負担ルールが見直された。かねてより、電源技術により、系統増強費用の負担金に差異があるのは不公平、特に太陽光、風力に非常に不利に働くとの批判があった。その懸念が北東北募集プロセスにおいて現実になった。送電線新設負担を事実上風力事業者が負うことになり、募集プロセス自体も機能しなくなる。政府は、再エネ大量導入委員会にて、このルールを一般負担の上限を工事単価4.1万円に統一することで、不公平をなくすとともに、風力事業者の負担軽減を実現することとした。

詳しく見直しの手順を解説してみよう。「送配電網の維持・運用費用の負担の在り方検討ワーキンググループ」（電力・ガス取引監視等委員会)、および、「再生可能エネルギー大量導入・次世代電力ネットワーク小委員会」（資源エネルギー庁）での議論を受け、「広域系統整備委員会」（電力広域的運営推進機関）での決定を経て、発表になった。

以上のように、北東北募集プロセスが頓挫しないように、玉ねぎの皮をむくように対策が採られた。

3.3.4　ネットワーク使用料金の発電事業への賦課

◆月kWあたり150円の課金

ただし、初期費用軽減の見返りとして、ランニング費用である使用料については、発電事業者についても一部負担させることでバランスを取った。これまでは電力のユーザーが、送配電線の使用料を負担していた。電力ネットワークの使用料（託送料金）は、基本的に使用量（kWh）に基づき、小売事業者に課されており、これは最終的に需要家が電気料金にて負担する。このルールを変更する。料金の元となる原価のなかで、小売りと発電が共通に負担すべき費用として、送電線（基幹線、特別高圧線、関連の変電所）の固定費を抽出し、小売りと折半することとなった。これは使用料金原価の1割程度とされる。全国ベースで簡易計算をすると150円/kW・月、年間では1800円/kWとなる。

これは、電力・ガス取引等監視員会の「送配電網の維持・運用費用の負担の在り方検討ワーキンググループ」において2018年6月1日に提示された中間とりまとめ案に明記されている。資源エネルギー庁の「再生可能エネルギー大量導入・次世代電力ネットワーク小委員会」にて2018年5月の中間とりまとめに示されたことをも受けている。今後、2020年導入を目途に細部を詰めていくことになる。

◆背景①：デススパイラルへの備え

託送料金が見直された背景としては、以下の諸点が挙げられる。まず、ネットワーク使用料金（託送料金）収入の確保である。人口減、省エネ技術の進展などにより、今後電力需要は横ばいか減少していく。また、屋根置き太陽光に代表されるオンサイト型分散電源が普及すると、系統を通じて供給される電力はやはり減少する。現在のように需要家のみが負担する料金システムである場合は、収入減を招く一方で流通設備を削減するわけにもいかず、収入減を甘受するか、料金を上げることになる。小さくなった需要ベースの料金が上がれば、さらに分散電源の増加を促すことになり、一層の料金上げを招くことになる。

この循環は「デススパイラル」と称され、屋根置き太陽光が普及している地域では既に世界的に認知されている。また分散電源所有の有無で不公平が生じることにもなる。安定的な収入源として発電側への課金が浮上した。このデススパイラルへの対応策としては、海外で様々な案が検討され、実施に移されているところもあるが、発電側課金はあまり聞かない。日本独自の考えだと思われる。

◆背景②：接続費用負担の見直しとのバランス

本書で取り上げている「系統接続費用負担の公平化」対策としての接続

費用負担の見直しも、大きな論点となり、固定費に絞って課されることとなった。名称が「発電基本料金」とあるように、発電設備の容量（kW）に応じて、送電関連の固定費を対象に課金するものである。インフラ利用の通念としては使用量（kWh）に応じて課金するのが公平だと思われるが、「設備利用率向上を促す」効果を強調して、kWに課すこととされた。これは、設備利用率が低い太陽光・風力に不利であり、利用率を高くしうる火力・原子力などには有利である。

この背景としては、前述のように、接続時の発電側の増強費用負担（特定負担）がkWに対して課されていること、電源種ごとに設けられた想定設備利用率に応じた上限値は不公平であるとの批判があったこと、北東北募プロで不利な扱いとなる風力が応募のほとんどを占め大量離脱でプロセスが成立しない懸念が出てきたことがある。上限値が公平になるように引き上げ、初期投資負担を軽くする見返りに利用料金を導入することとしたのである。その流れで設備容量（kW）に対して、今度は当初から電源種に関わらず一律に設定することとした。

◆背景③：固定費、変動費の平仄

また、kWを基礎とすることで、需要動向に関わらず、設備規模の応じた課金が可能となる。流通設備は9割程度固定費であり、販売電力量（kWh）に関わらず一定の収入を得られる基本料金の嵩上げは、送配電事業者からは歓迎されることなのだろう。

◆一般負担が基本、発電側負担は異質

しかし、インフラ利用については、利用量に応じた料金体系が、公平性が高くこれを基本とするべきと考えられる。また、発電への課金は、燃料費がゼロで今後主力として期待される再エネに不利に働く。自由化の影響で既存電源の利用率が低下する。停止中あるいは未稼働の原子力には厳しい事業環境になるといった可能性は否定できない。しかし、既存設備には経過措置が適応され、何らかの救済措置が用意されることになるのだろう。

ネットワーク料金は、基本的に需要者に利用量に応じて課されている。発電は電力という商品の製造コストであり、競争環境においてこれを引き下げることは、電気料金引き下げの根源である。その過程で流通コストが増えることもありうるが、製造コストに比べて耐用年数は長く、トータルとして長期的なメリットは十分期待できる。その意味で、発電事業に競争原理を導入し、コスト低下を促すことは理にかなっており、自由化の対象となってきた。前述のように、欧米では真っ先に自由化環境整備の対象となった。接続時にせよ稼働時にせよ、発電設備にネットワーク関連費用を負担させる場合は、その公平性の担保を注意深く確認する必要がある。それが困難なため、最終ユーザーに課してきたのである。

4

第4章　接続契約を拒否・解消することはできるのか

空容量ゼロ問題は、それが分かりやすい形で顕在化する保守的な接続ルールだけの問題ではない。事業意欲のない者が容易に接続契約を締結できる、一度契約が締結できれば当事者が納得しない限り取り消せない、という重大なプロセス上の問題が存在する。送電の運用容量が不足するとともに送電線を使用する価値は上がっているが、「空押さえ」も増えてきている。そして、FIT認定が取り消された案件は、自然に接続する権利が消滅するわけではない。この章では、この問題を取り上げる。

4.1　問題の所在と送電線空押さえ対策

この節では、系統接続の基本的な考え方と現行ルールを分析し、空押さえ問題が生じている制度的な背景について、整理する。電力の供給義務、公共のインフラ事業を民間が実施していることの意味と課題、政府や自治体の役割など、根の深い問題が垣間見える。

4.1.1　問題の所在

◆送配電会社の供給義務

電力は最も重要な商品、サービスであり、公共財に分類される。水道、ガスとともに供給事業者には需要家への供給義務が課せられ、需要家や発電事業者の接続申し込みに対しては原則拒否できない。また、一度接続契約を締結した発電事業者の契約を解消するためには、相手から取り下げの申し入れのあることが想定されている。接続は原則受け入れるが、それを取り消すためには相手から申し入れがないと対応できない。

電力自由化は、小売り、発電事業に競争原理を導入するものであり、自由化により電力会社（一般電気事業者）が担っていた供給義務は、送配電会社の役割となる。送配電へのアクセス（接続）は、原則拒否できないことに変わりはない。

供給義務と接続に要する費用負担の関係について整理してみる。送電線の容量（キャパシティ）が不足する場合は、その原因が需要家の場合は、電力会社は供給義務、ユニバーサルサービスの観点から容量不足を理由としての接続拒否はできず、電力会社の負担で増強工事を実施する（一般負担）。しかし、発電事業者の申し込みが原因で不足する場合は、接続拒否は可能となる。実際には、空容量がないことを前提に「個別協議」に入る。

個別協議とは、守秘義務の下に、その個別開発案件に関わる増強工事負担額と工事期間、接続の場所と電源線工事負担額などを試算・提示することである。開発事業者は、その負担を織り込んでも採算が取れると判断すれば接続契約締結に進むし、採算が取れないとなれば開発を断念することになる。昨今の例では、発電所投資額を遥かに上回る負担金額の提示に驚愕し、断念する例も多い（表3-1）。要するに、空容量がないとされる場合は、供給義務上門前払いはせず協議に応じ提案はするが、実際は接続不可能となる場合が多い。

◆送電線利用権の価値拡大

FIT制度導入後、最初は太陽光発電、後に風力発電を中心に多数の大規模な接続申請があった。その保守的な計算ルールによるところが大きいが、短期間のうちに送電線空容量ゼロの箇所が激増し、再エネの開発意欲に水を差すことになった。これは大きな社会問題にまでなった。そして政府も「日本版コネクト&マネージ」による空容量捻出策を打ち出した。

ここに至ると、接続契約済みではあるが一向に稼働に向けた動きのない計画の「接続権・送電利用権空押さえ」問題が浮上してくる。これについて知っている人は、かなり前から認識していた。新設・増強工事などに時間を要している稼働の意思のある計画もあるが、権利転売が目的の投機的な計画、地元調整が困難で着工できそうにない計画なども少なからず存在する。空容量ゼロが社会問題化している中で、公共の財産と言える電力インフラの空押さえが許されていいのだろうか。特に、「FIT認定が取り消しになった計画、自治体が拒否した計画は接続の権利も自動的に消滅するもの」と考えるのは自然だ。しかし、現状ではFIT認定、地元拒否と接続取消しはリンクしておらず、直ちに消滅するのは難しいとされる。

4.1.2　発電事業者の送電線空押さえ問題

◆空押さえ問題の顕在化と新規事業圧迫

発電設備開発事業者は系統接続を送配電会社に申請するが、送配電会社はインフラ事業者としての性格から原則接続を拒否できない。申請の中身をチェックするだけであり、齟齬がなければ受け付ける。しかし、インフラの希少化が見込まれ、使用する権利自体が価値を持つと考えられるようになると、事態は変わる。「系統の実際の使用」が目的ではなく、「その権利の取得」が目的となる場合がある。そのように考える儲けに聡い事業者が出てくる。実際に、FIT導入後太陽光が猛烈な勢いで接続承認を受けていく中で、そのような動きが生じた。

真剣に発電事業をやろうとする少し遅れてきた事業者は、高額の負担金を提示されることなどで、事業機会を失うことになる。このような事例が多発した。こうした権利取得のみを目的とする業者を接続申請・承認のプロセスのなかで排除できないのだろうか、ということになる。

◆地元が困惑する例も

地元が困る場合も出てきている。環境や地域振興の観点から、地元事業者による再エネ開発を進めている自治体は多いが、権利の空押さえにより、その機会を失ってしまう。また、自治体が知らないうちに広い土地を利用する動きが生じ、住民や自治体との軋轢を生む事態が散見されるようになった。特に太陽光は、一定の空間さえ確保すれば、環境アセスメントの対象となっていないこともあり、比較的容易に事業を開始できる。このため条例を制定して、太陽光をアセスメントの対象とする自治体も増えてきた。改正FIT法は、設備認定から事業認定への転換を打ち出しているが、その趣旨はここにある。認定する際の主要な条件として、条例を含む法令遵守を挙げている。今さらの感もあるが、環境省も環境アセスメント法の対象とすべく動き出した。

実際に、膨大な計画がある太陽光を中心に、地元との事前調整や設置場所に関して問題が生じているケースが目立ってきている。広大な山林を賃借することを前提に、大規模な開発を計画し、接続受付が終了した後に地元で問題となり、計画自体が宙に浮くケースがある。また、当初から「接続できる権利」の転売を狙って計画を作るケースもある。契約した事業者が買収されるなどで権利は移転していく。証拠は明確ではないが、筆者は複数のコンサルタント会社などから、億単位の転売益を得たケースについて聞く機会があった。これらは接続承認を受け送電線を空押さえしていると言える。貴重な公共のインフラの利用権を、こうした投機専門の業者に容易に与えていいのか、事前にチェックする機能は存在しないのか、という疑問が生じる。

◆現状のルールとその考え方

電力会社（旧制度上の一般電気事業者、自由化後の一般送配電事業者）の「供給・接続義務」やそれを受けて電力広域的運営推進機関（以下、広域機関）の定める「送配電等業務指針」の規定により、これらを排除しにくい設定となっている。また、ひとたび接続契約を結んでしまうと、それは「民間対民間（民民）の契約でもあり、よほどの理由がない限り電力側から一方的に解約することは難しい」とされている。以下で、供給義務、接続のルールを整理する。

○一般送配電事業者の託送供給義務、発電設備との接続義務（電気事業法）

電気事業法第17条では、「1　一般送配電事業者は、正当な理由がなければ、その供給区域における託送供給…（略）…を拒んではならない。」、「4　一般送配電事業者は、発電用の電気工作物を維持し、及び運用し、又は維持し、及び運用しようとする者から、当該発電用の電気工作物と当該一般送配電事業者が維持し、及び運用する電線路と電気的に接続することを求められたときは、…（略）…正当な理由がなければ、当該接続を拒んではならない」とされている（資料4-1）。第1号は供給義務、第4号は発電設備の接続義務である。

○発電設備等に関する契約申込み・受付（送配電等業務指針）

また、発電設備の接続に関しては、広域機関が定める「送配電等業務

資料4-1　一般送配電事業者の託送供給義務等（電気事業法より抜粋）

（託送供給義務等）
第十七条　一般送配電事業者は、正当な理由がなければ、その供給区域における託送供給（振替供給にあつては、小売電気事業、一般送配電事業若しくは特定送配電事業の用に供するための電気又は第二条第一項第五号ロに掲げる接続供給に係る電気に係るものであつて、経済産業省令で定めるものに限る。次条第一項において同じ。）を拒んではならない。
2　一般送配電事業者は、その電力量調整供給を行うために過剰な供給能力を確保しなければならないこととなるおそれがあるときその他正当な理由がなければ、その供給区域における電力量調整供給を拒んではならない。
3　一般送配電事業者は、正当な理由がなければ、最終保障供給及び離島供給を拒んではならない。
4　一般送配電事業者は、発電用の電気工作物を維持し、及び運用し、又は維持し、及び運用しようとする者から、当該発電用の電気工作物と当該一般送配電事業者が維持し、及び運用する電線路とを電気的に接続することを求められたときは、当該発電用の電気工作物が当該電線路の機能に電気的又は磁気的な障害を与えるおそれがあるときその他正当な理由がなければ、当該接続を拒んではならない。
5　略

出所：電気事業法　　（注）下線は筆者挿入

指針」により、発電事業者と一般送配電事業者との間で「申込み」と「受付」を行うことが規定されている。同指針第87条では、「発電設備等と送電系統の連系等を希望する系統連系希望者は、契約の申込みを行わなければならない。」とある。一方、第88条では「一般送配電事業者は、発電設備等に関する契約申込みに関する申込み書類を受領した場合には、申込み書類に必要事項が記載されていることを確認の上、契約申込みを受け付ける。」とある（資料4-2）。申込書類に必要事項が記載されていれば受付となる。

事業者の遂行能力・本気度・地元の意向の確認については勘案されてはいない。ただ、もしこれを評価するとしても、公平公正に判断することは容易ではないと思われる。自治体の判断を参考に接続承認の是非を検討することもありうる。しかし、自治体が前面に出ることになり、それも容易ではない。条例で自治体アセスメントを導入する動きが出てきているのは、こうした制度上の背景がある。

資料4-2　発電設備等に関する契約申込み・受付（送配電等業務指針より抜粋）

（発電設備等に関する契約申込み）
第８７条　発電設備等と送電系統の連系等を希望する系統連系希望者は、契約申込みを行わなければならない。
２　系統連系希望者は、次の各号に掲げる場合には、速やかに、同号に掲げるとおり、発電設備等に関する契約申込みの取下げ又は申込内容の変更を行わなければならない。
一　電気事業法、環境影響評価法その他の法令に基づく事業の廃止や事業計画の変更等に伴い連系等を希望する発電設備等の開発計画を中止した場合　契約申込みの取下げ
二　発電設備等の建設工程の変更、用地事情、法令、事業計画の変更等により、契約申込みの内容が変更となった場合　契約申込みの内容変更

（発電設備等に関する契約申込みの受付）
第８８条　一般送配電事業者は、発電設備等に関する契約申込みに関する申込書類を受領した場合には、申込書類に必要事項が記載されていることを確認の上、契約申込みを受け付ける。但し、申込書類に不備がある場合には、申込書類の修正を求め、不備がないことを確認した上で契約申込みの受付を行う。
２　略

出所:電力広域的運営推進機関「送配電等業務指針」　（注）下線は筆者挿入

○送電系統の容量確保（送配電等業務指針）

一般送配電事業者は、発電設備等に関する契約申込みの受付時点をもって、暫定的に送電系統の容量を確保する必要がある。送配電等業務指針第92条では、「一般送配電事業者は、発電設備等に関する契約申込みの受付時点をもって、…（略）…暫定的に送電系統の容量を確保する。…（略）」とある（資料4-3）。

なお、同指針87条、94条より、「接続契約の取消し」および「送電系統の容量確保の取消し」は、発電事業者からの「契約申込みの取り下げ」が前提とされている。

資料4-3　送電系統の容量確保と取消し（送配電等業務指針より抜粋）

（送電系統の暫定的な容量確保）

第９２条　一般送配電事業者は、発電設備等に関する契約申込みの受付時点をもって、当該時点以後に受け付ける他の系統アクセス業務において、送電系統（但し、連系線は除く。以下、本条において同じ。）へ契約申込みを受け付けた発電設備等が連系等されたものとして取扱い、暫定的に送電系統の容量を確保する。但し、送電系統の容量を確保しなくとも、発電設備等に関する契約申込みの申込内容に照らして、申込者の利益を害しないことが明らかである場合は、この限りでない。

（送電系統の容量確保の取消し）

第９４条　一般送配電事業者は、次の各号に掲げる場合には、前２条に基づき暫定的に確保した送電系統の容量の全部又は一部を取り消すことができる。

一　系統連系希望者が、発電設備等に関する契約申込みにおける最大受電電力を減少する旨の変更を行った場合（契約申込みを取り下げた場合を含む。）

二　一般送配電事業者が、第９６条の回答において、系統連系希望者が希望する連系等を承諾できない旨の回答を行った場合

三　電気事業法、環境影響評価法その他の法令に基づき、発電設備等に関する契約申込みに係る事業の全部又は一部が廃止となった場合

四　発電設備等に関する契約申込みの内容を変更することにより、系統連系工事の内容を変更（但し、軽微な変更は除く。）する必要が生じる場合

五　その他系統連系希望者が、発電設備等に関する契約申込みの回答に必要となる情報を提供しない場合等、不当に送電系統の容量を確保していると判断される場合

出所：電力広域的運営推進機関「送配電等業務指針」　　（注）下線は筆者挿入

4.2 改正FIT法での対応と残された論点

こうした問題点が浮上する中で、政府より、主に太陽光を念頭にFIT認定と接続承認の考え方、ルールを見直す動きが出てきた。遅きに失したとの感もあるが、多数の関係者が絡む複雑な問題に切り込む姿勢については、一定の評価はできる。以下、改正FIT法（2016年5月成立、2017年4月施行）におけるFIT認定、接続承認に関係する箇所を中心に解説する（図4-1）。

4.2.1 改正FIT法のポイント①：FIT認定の厳格化 －設備認定から事業認定へ、FIT価格を持続する権利として扱えないようにする

改正FIT法では、特に太陽光発電に関して、「買取り価格の権利だけ有して実際の運転は機材価格が値下がりするまで留保するような投機的な性格をもつ案件を排除すること」が最大の狙いとなった。そのため「設備認定」から「事業認定」に転換することにした。FIT認定を受けても稼働に向けた取り組みが進まない事業者のなかには、FIT価格権利の転売目的である場合も考えられる。そこで、事業を認定する方式に転換した。

事業基準とは、具体的には設備の保有だけでなく運営（運転・メンテナンス）の責任者の明示、耐用年数経過後あるいは事業終了後の設備廃棄の計画への織り込み、系統との接続契約取得、自治体の条例を含む法令遵守等の義務付けなどである。これらに違反していることが判明した場合は、行政指導を行う、認可を取り消すことができるとされた。特に、接続承認は明確なルールであり、ごまかすことのできない要件である。FIT認定、接続承認を取得し稼働に至った事業でも、その後の振る舞いやコンプライアンス遵守状況によっては、行政指導により認定取り消しができるようになった。

図 4-1　新 FIT 認定制度「事業計画認定」の概要

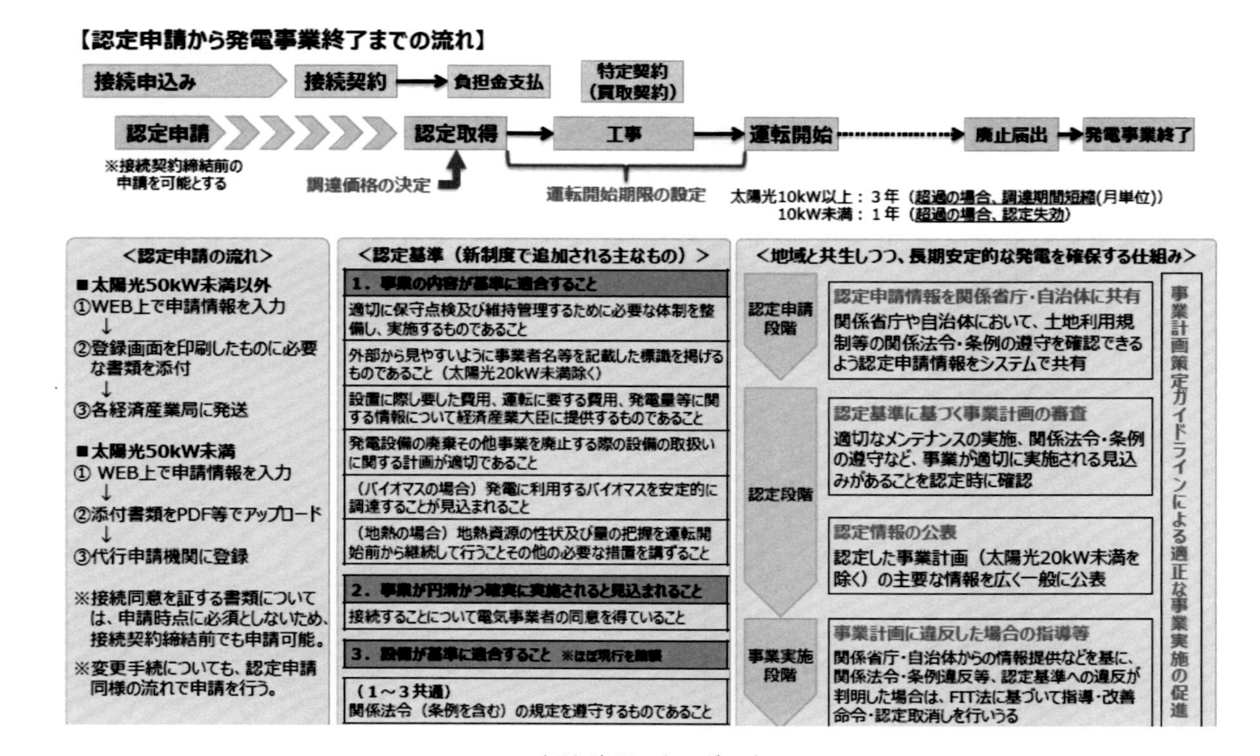

出所：資源エネルギー庁

また、事業認可取得から運転開始までの期限を設け、守れない場合は認定が取り消されることとなった。太陽光がこれの対象となったが、家庭用（20kW未満）は認定後1年経過した時点で失効する。発電所型（20kW以上）は、3年を超えた時点から延びた期間の分について認定期間を短縮する。この措置は、その後、他の再エネ事業にも、それぞれの性格に応じて適用していく方向が示されている。

このように、接続契約の有無とは別にFIT設備認定が先行する方式から、FIT事業認定の前提として接続承認が求められる方式に変更された。この変更に対応する経過措置が必要になる。それは、制度変更時点での接続契約（承認）の状況によって、ケースが分かれる。以下、ケースごとに見ていく（図4-2）。

●経過措置(1)（接続契約未済・FIT認定済）

まず、FIT設備認定を受けてはいるが接続契約未済のものは、FIT認定は原則失効する（2019年3月末）。ただし、法令の成立日である2016年6月末を境に経過措置を設ける。同日までに認定を受けていた事業は失効するが、同日から2017年3月までに認定を受けた事業は、認定日より9カ月間、接続承認のための猶予が与えられる。募集プロセス案件は、そのプロセスがいつ承認されるか不明であることに鑑み、その承認日より6カ月後まで猶予が付与される。

●経過措置(2)（接続契約済み・FIT認定未済）

系統接続済みでFIT設備未認定の事業については、とりあえず認定を受けたとみなすが（「みなし認定」）、法令施工後6カ月の間に、すなわち2017年9月までに事業認定を取得することを条件とする。

以上の経過措置を整理すると、①16/6末時点で接続未済案件は17/3末時点で失効、②16/7～17/3で接続未済・FIT認定済み案件は9カ月猶予、募集プロセス案件は承認日より6カ月猶予、③接続済み・FIT未済案件は「みなし認定」として6カ月の猶予、ということになる。

図4-2　旧FIT認定取得者に対する経過措置

出所：資源エネルギー庁

一方、FIT認定の前提となることでいよいよ重要性が増す接続承認についても、改正FITを受けて運用が厳格化する。これについては、事項で解説する。

◆残された問題：やる気のない事業者を本当に排除できるのか

改正FIT法の施行により、「みなし認定事業者」は、施行後半年間のうちに、事業認定を取得する必要がある。しかし、行政（地方経済産業局）は、予定期間内に十分な確認ができるのかという問題がある。例えば、許認可の取得状況や自治体などとの調整状況に関しては、事業者の申告ベースとなり、それ以上の確認作業はやらないしやれない。もっとも自治体などから個別に連絡がある場合は、審査は止まり、確認作業が入ることになる。接続承認に関しても、改正FIT施行により、認定取り消しなどの状況を睨むことで、承認取り消しなどを行いやすくはなったが、なお民民契約であることからくる困難を伴う。

4.2.2 改正FIT法のポイント②：接続承認の厳格化

最近の系統接続（アクセス）申し込みの多くはFIT事業計画に伴うものになる。系統の容量に余裕があるうちは、問題は表面化しなかった。送電容量に余裕がなくなり契約が結べない状況になってくると、接続自体が目的化する場合も出てくる。接続契約が利権化すると、取消しが一層難しくなる。いわゆる「送電線利用権利の空押さえ」であり、高額で転売されているとの噂も出てくる。これは、新規事業の妨げになる。接続承認は、送配電会社（旧一般電気事業者送配電部門）の任務である。重要インフラであっても形式的には民間所有であり、申込み事業者との間の契約は民民契約となる。行政のように取り消しを含む指導力・強制力は持ちにくい。

ここで、最大の問題となるのが、「行政がFIT認定を取り消した事業について、送電会社は接続契約を自動的に取り消せるのか」との論点である。取り消せなければ「空押さえ」事業が権利を持ち続けることになる。

接続のこうした状況に対応する必要が出てきた。接続契約がFIT認定の前提となったことから、FIT認定が取り消されるような問題のある案件については、接続契約を解消できるようにしておく必要が生じる。これを行わないと接続権利が優良案件へ移行する機会が損なわれることになる。そこで、以下のような措置が導入された（図4-2右下、資料4-4）。

資料4-4　再エネ発電設備の系統連系申込み手続きの見直し

再エネ発電設備の系統連系申込みに係る手続き見直しの内容

1．「接続検討申込み（系統アクセス検討申込み）」と「系統連系申込み」の同時受付の開始

当社は、これまで「接続検討申込み」に対する技術検討結果を回答後に「系統連系申込み（託送契約に係る申込みを含む）」を受付しておりましたが、事業者さまの調達価格に対する予見可能性を高めるため、「接続検討申込み」にあわせて「系統連系申込み」を同時に受付することができるようにします。

なお、引き続き、事業者さまからの希望により、「接続検討申込み」単独でのお申込みも受付します。

2．接続枠を確保したまま事業を開始しない「空押さえ」の防止

当社は、これまで「系統連系承諾書」を発行後に、事業者さまと工事費負担金支払い期日を協議のうえ「工事費負担金契約書」を締結し、工事費負担金をお支払いいただいておりましたが、「接続枠（系統利用枠）」を確保したまま事業を開始しない「空押さえ（滞留）」案件の発生を防止するため、改正省令の施行に伴い、これまで別立てであった「系統連系承諾書」と「工事費負担金契約書」の一本化をはかり、接続契約締結の証として、あらたに「接続契約（連系承諾と工事費負担金の支払いを内容とする契約）のご案内」を、事業者さまへ発行・送付することにします。

「接続枠」の確保は、「接続契約のご案内」を発行・送付後、事業者さまから工事費負担金を原則として１ヶ月以内にお支払いいただくことが条件となり、お支払いいただけない場合や特段の理由もないのに連系予定日を過ぎてもなお発電設備の連系や営業運転を開始しない場合等には、当社は、接続契約を解除（連系承諾を取消し）させていただきます。

また、「接続契約のご案内」の発行・送付は、平成２７年１月２６日（改正省令施行日）以降に受付する再エネ発電設備の系統連系のお申込みから適用します。

3．再エネ発電設備からの電力受給に関する契約要綱の一本化

当社は、これまで風力発電設備の場合には、「通常型風力発電系統連系受付要項」および「出力変動緩和制御型発電（蓄電池等併設型）系統連系受付要項」等にて、太陽光発電設備の場合には、「太陽光発電設備の系統連系および電力購入に関する契約要綱」等にもとづき、系統連系申込みを受付しておりましたが、今回の改正省令の施行に伴い、すべての再エネ発電設備を対象とした「再生可能エネルギー発電設備からの電力受給に関する契約要綱」へ一本化をはかります。

この一本化により、これまで風力発電設備の「接続検討申込み」の受付要件としていた各種様式の提出は、不要となります。

以　上

出所：東北電力㈱（2015/1/23発表）　　（注）下線は筆者挿入

●接続承認取消要件の導入①：承認と負担金支払いの一体化

承認済みの接続契約を取り消しうる要件を創設した。第一に、「接続承認」と「工事負担金の支払い」を一体化させる。従来は、承認が先行し、工事負担金の支払いはその後であり、期限は設けられていなかった。従って、承認を受け送電線を利用する権利を確保してしまえば、運転開始を延ばしても経済的な痛痒を感じなくて済んだ。これを、支払いが1カ月滞れば承認取り消し要件になることとした。空押さえ防止効果が期待できることになる。

●接続承認取消要件の導入②：特段の理由のない系統連系の遅れ

契約で約束した系統連系の時期に特段の理由がなく遅れることを、承認取り消し要件とした。

4.2.3　送配電事業者の対応と残された課題

◆送配電事業者は契約に接続承認取消し条件を盛り込む

送配電事業者は、どのような手段で、接続を取消しできる仕組みを導入するのだろうか。東北電力の例を見てみる。同社の「系統連系承認申請書」に、契約文言として盛り込んでいる（資料4-5）。記名捺印のある効力のある契約である。その根拠を、改正FIT法令に求めている。

文書の前半に、改正FIT法令に基づきFIT認定が取り消された場合は、接続承認を取り消せる内容が含まれている。また、末尾の近くに、負担金支払いの1カ月以上の遅延があった場合や、特段の理由なく契約に盛り込まれた時期に系統に供給できない場合は、FIT認定取り消しとは別に、接続承認を取り消せる内容が盛り込まれている。

◆契約を盾に一方的な取消しはできるのか

しかし、以前の契約書に関わる事業は、当然ながらこれは明記されていないことになる。また、この契約文書を根拠に、条件に抵触した場合に一方的に契約取消しができるのかと言うと、そう簡単ではないようだ。

資料4-5　系統連系申込書様式（抜粋）

平成　年　月　日

東北電力株式会社　御中

（申込者）住　所

名　称

代表者　㊞

系　統　連　系　申　込　書

貴社の「発電設備系統連系サービス実施要綱」，「電気設備の技術基準の解釈」および「電力品質確保に係る系統連系技術要件ガイドライン」を承認のうえ，以下により貴社電力系統への自家用発電設備の連系を申し込みいたします。

また，電気事業者による再生可能エネルギー電気の調達に関する特別措置法（以下，「再エネ特措法」という。）にもとづく申込みで，以下のいずれかに該当する場合は，本申込みは承諾されないものとし，本申込みにもとづく貴社との接続契約が既に成立している場合であっても，当該接続契約等が貴社によって解除されることに同意いたします。

・再エネ特措法第9条第3項にもとづき経済産業大臣から受けた認定の効力が失われた場合

・特段の理由がないにもかかわらず、接続契約が成立して相応の期間経過してもなお認定（再エネ特措法第10条第1項に定める変更認定および同第2項に定める届け出を含みます）を取得しない場合

・再エネ特措法施行規則第14条に定める「正当な理由」のいずれかに該当することを貴社が判断した場合

・貴社が算定した発電設備の系統連系に必要な費用を貴社の定める支払期日までに支払わない場合

また，本申込みに関して，貴社が以下のとおり取扱うこともあわせて同意いたします。

・接続検討の回答を待たずに本申込みを行なっている場合には，接続検討の回答が完了した後に，貴社が定める「意思表明書」を提出することにより，本申込みに係る手続きを進める意思を表明すること

・接続検討の回答を待たずに本申込みを行なっている場合には，上記の意思表明の行為をもって，貴社が，発電設備の連系に係る申込みの順位とすること

・接続検討の回答を待たずに本申込みを行なっている場合で接続検討の回答内容を受領したにもかかわらず，本申込みの受付日から9ヶ月以内に「意思表明書」を提出しないときには，本申込みは承諾されないものとみなすこと

・本申込みが承諾されない場合，本申込みの内容の検討に要した費用等を貴社に支払うこと

・特段の理由がないのに受給開始希望日を経過してもなお受給開始しない場合（ただし、特段の理由があると貴社が認めた場合を除きます）に、貴社が当該接続に係る契約を解除できること

・電気需給契約に係る「電気使用申込書」等の提出がなされるまでは，本申込みを貴社が受付した場合でも，再エネ特措法第16条第1項の契約申込みの内容を充足しないとして貴社が取扱うこと

出所：東北電力㈱　　　（注）下線は筆者挿入

電力会社は、次のような論点について自問自答しているようである。すなわち、「FIT認定が取り消された場合でも非FITのスキームによる事業遂行の意思があるかもしれない」、「負担金を支払っている場合はどうするのか」、「系統供給遅延に特段の理由があるかもしれない」などである。要は、両者が納得するステップを踏む必要があるのではないかと考えている。こうした既存の契約者が粘る場合も想定され、接続を希望する新規開発者にすれば、接続取消しがいつ実行となるのか読みにくくなる。

FIT認定取り消しの法的根拠が整い、それにより確かに接続取消しは行いやすくはなったが、簡単にあるいは自動的に実行できるというわけでもなさそうだ。送配電事業者が判断基準としているのは、広域機関の定める「送配電等業務指針」であるが、それを基に以下のように考え方を整理しているようだ。

系統接続の契約は、開発者と送配電事業者という民間事業者同士のものになる。この民民契約は一方的に破棄できるものではなく、取消しの申し入れを待つしかない。その根拠は、広域機関の定める「送配電等業

務指針」第94条（送電系統の容量確保の取消し）であり、送電会社は、これに基づき対応する必要があるとする。そこには「事業者からの契約申込み取下げを受け、送電容量確保分を取り消す」こととされており、電力会社（送電会社）は、取り下げの申し込みがない限り契約などを一方的に破棄することはできない、との解釈に立つ（資料4-3)。

しかし民間事業者とはいっても、送配電事業者は、電力という公益材のインフラを認可料金の下で独占的に提供する事業者であり、公的な色彩を強く帯びている。単純な民民関係とは異なる。また公共インフラ運用の責任を持つ送電会社としては、より積極的に有効利用を図るべくアクションを起こしてもいいのではないか、と筆者は考える。これを、明確なルールとするためには、政府と広域機関とで「業務指針」を改訂することが求められる。

◆負担金支払い遅延は有効か

負担金の同時支払い条件がどの程度有効かは、不透明なところがある。負担が小さい場合、あまり負担と思わない資金力のある申請者の場合は、その効果は限られる。また、転売による価値が大きい場合は、抑止力とはならない。FIT認定や送電線利用権利自体を投資の対象と考える業者は、資金力を有している場合が少なくない。資金力があり、再エネ普及で先行している海外の取引（投機）経験が豊富な組織が存在するようである。こうした事業者、組織は知る人ぞ知る存在だったが、いよいよ見過ごせなくなってきた。最近の政府説明資料の中にも「外資」という言葉が登場するようになった。

◆特段の理由のない系統連系の遅延

これは、接続取消しに関わる2つ目の要件であるが、特段の理由をつけてくる、粘ってくることも十分に考えられる。

4.2.4 接続契約済み既存事業者へのさらなる対応

◆なお残る高価格認定案件と対応

法律論としては、法令で決まったことを遡及して変更することはできない。「ゴールポストが動く」ようでは約束事ができず、契約締結が滞り、経済的損失も膨大になる。FIT法に関しては、法令に違反しているわけではないが「再エネ普及と国民経済への好影響という法律の趣旨と乖離するともとれる動き」が目立ってきた。それへの対応を迫られるようになった。普及を重視するためだったのか、当初のFIT法には運用上緩いところがあり、その「後遺症」に苦しんできた。その最たるものはFIT認定を得て販売価格が決まった後に、着工が遅れ稼働に至ってない事例である。これは買取価格が42円、36円、32円でスタートした太陽光で顕著で、まだ稼働していない案件が多く残っている。その後FITでの買取価格は18円まで下がっている。部材調達をこの低価格に対応したコストで行えるとすれば、高い利益水準を享受できることになる。

2015年のFIT法改正の最大の狙いはこの状況の改善であった。設備認定から事業認定へ移行し、運転責任者の特定、接続承認の取得、法令遵守などを盛り込んだ。また、事業認可時から稼働時までの期限を設けた。施行時に接続未済のものは原則認定失効とした。

◆改正FIT法を超えて

しかし、FIT認定と接続承認を共に満たしているのに未稼働の既存案件はまだ多い。これをどうするかという問題が残っている。接続や地元調整に時間を要しているなど理由があるものと権利売却利益を狙っているだけのものとの線引きをどうするか、理由があったとしても買取価格を下げられないかなどが論点になる。政府は、これに取り組んでいこうとしている。運用などで政府にも責任の一端はあるとは言えるのだが、困難が予想されるこれらの問題にメスを入れようとしている。

その方向は理解でき、最近の政府の決意と努力は評価できるとも言える。一方で、認定は取り消されたものの接続が継続して残るというのは、片手落ちである。自動的にあるいは速やかに接続の権利も消滅させて、空容量ゼロのなかで待たされている多くの事業を前に進めることが重要である。

◆価格改定という劇薬

2018年10月15日に開催された「再エネ拡大小員会」に、衝撃的な事務局案が提示された。FIT認定済み・接続契約済みの案件は、改正FIT法の適用が及ばないものがあり、稼働に至らない案件でも認定取り消しに持ち込む術はない。一方で、太陽光発電事業で顕著であるが、当初促進期間と位置付けられた2012年から2014年にかけて高価格で認定を受けたうちの相当規模の案件が稼働に至っていない。稼働してこそ再エネ効果が生じる。また、直近の買取価格が当初の半値以下に下がり今後さらに下がる見通しのなかで、いつまでも高価格の権利を持っているのは、国民負担の面からも、「事業性の見通しを付与することで投資を促しスケールメリットでコスト低下を実現する」という制度の趣旨にも、そぐわない面が出てくる。

本書のテーマである送電線利用に関しても、空容量不足により多くの事業計画が空きを待っている中で、送電線利用権が空押さえされている状況は、やはり問題がある。そうした背景から、政府は「改正FIT適用外の高価格滞留案件」にメスを入れる提案を行った。

◆運転開始時期を基準点に変更

FIT法施行規則の一部を改正する省令の施行日は2019年4月1日で、対象案件は2012年度～2014年度に認定を受けた未稼働の事業用太陽光発電（10kW以上）案件（FIT価格40円、36円、32円案件)。措置の概要は以下のとおり。

＊基準時：事業者側の準備は全て整っていて、後は送配電事業者に発電設備を系統に接続してもらい通電するだけという状況に至った時点。

＊基準時の特定：事業者が、送配電事業者に対し、「系統連系工事の着

工申込み」を行い、送配電事業者が当該申込みを不備なく受領（「着工申込みの受領」）した日。

＊適用価格：基準時点の2年前に適用されていたFIT価格。

－基準時が2019年度であれば、2017年度の21円/kWhが適用

－施行日前（2019年3月末まで）に基準時が到来した場合は従来価格

＊運転開始期限の適用：基準時から1年間（施行日前に基準時を迎えた案件は施行日から1年間）。

今回の措置の背景には、FIT適用の基本的な考え方を「運転開始日時点のFIT価格を適用」との発想に変えることにある。上記措置を考察してみる。

事業者は事業の準備が整ってはじめて適用されるFIT価格が確定することになる。価格は長期的に低下していくので、準備が遅れるほどに条件は悪くなっていく。さしあたり「着工の申し込み」を行っても、運転を1年間のうちに開始する必要があるので、間に合わないとなると、再度申込みをすることになる。

◆難しい事業の線引き

この措置を提示するにあたり、政府は並々ならぬ決意を持って準備したと思われる。対象になる案件は、法に反してはいないとも捉えられる。確かに、そのような案件の中には投機的に権利取得のみを狙ったものも存在し、社会的な問題にもなっている。外資も暗躍し、国民負担の下で転売益を享受していることになる。

一方で、事業をやる気はあるが、系統接続の手続き、地元調整などでやむを得ず遅延しているものもあるだろう。現状の改正案では、両者の間の線引きがよく見えない。白も黒も同等に扱っているように見える。本来は、一件一件ていねいに取り扱うべきであろうが、行政コストが増大することにもなる。

これは制度改正により、過去の法令を遡及して変更している性格を有している。また、政府の初期の制度設計や運用が不適切だったとの指摘

も多い。太陽光が想定を超えて申請する動きがあり、バブル化することが分かった時点で、機敏に価格を下げるなどの対応があってもよかった。同様の事例はドイツなど欧州にて経験済みであり、対策も打ち出されていた。この改正によって、裁判沙汰にもなる可能性がある。政府もそれを想定した上で今回の措置を提案しているとも言われる。

覚悟をもって打ち出す既存案件の条件改定であるが、目的の一つに「送電線利用権の空押さえ解消」がある。この論点が明示されていることから、政府は何らかの対応策を持っていると思われる。現状では、FIT認定取り消しは必ずしも接続契約解消とリンクしていない。FIT認定が大規模に取り消されただけでは、国民負担の解消にはなっても、再エネ推進にブレーキをかけただけに終わりかねない。

5

第5章　オープンアクセスと発電自由化

◉

空容量ゼロ問題は、再エネ推進が滞る最大の要因として社会問題となっている。しかし、この問題の根はもっと深い。送電線を利用する権利が既存契約者と新規参入者とで大きく異なるという事態は、競争政策の面で見過ごせないからだ。日本は、電気事業を自由化したはずであるが、競争基盤において厳然と不公平が存在する。先行する欧米は、この競争基盤の公平化、透明化に真っ先に取り組み、システムとして完成させた。周回遅れは再エネ普及だけではない。より本質的な「インフラの開放、オープンアクセス」が未だに達成されていないのだ。今後、真の意味で発電事業の自由化を実践する必要がある。この章では、これについて解説する。

5.1　送電線の有効利用をどのように実現するか

系統に接続ができないことが、再エネ普及の最大の課題となっている。これに対して、政府は「日本版コネクト&マネージ」にて対応しようとしている。これは解決の第一歩ではあるが、従来の「先着優先」の枠内での緩和策でしかない。欧米は、市場取引とIoTを利用して時々刻々実際の潮流を計算し、混雑していないルートを有効活用するシステムを作り上げている。ここでは、このシステムの相違に焦点を当てて解説する。

5.1.1　日本型有効利用対策とその限界

◆先着優先、契約ベースが前提

これまで述べてきたように、現行のルール上では、実際に流れている量は少なくても空きがない計算になる。これは、送電線の想定利用量は稼働中および計画中の定格出力を積み上げる方式になっているからである。また、接続契約時の定格出力が一定のルートを流れるという前提に基づく。これを「契約ベース」と称する。この背景には、接続契約を締結した電源には混雑は生じない（させない）という「先着優先」の思想がある。加えて1線路、1変圧設備が故障などで脱落しても混雑しないとするいわゆる「N-1」ルールがある。常に1ルート待機させているのだ。

新規に接続を希望する事業者は、この状況を維持するための設備増強負担を求められる。すなわち、既に接続契約済みの電源は、定格出力まで自由に稼働できるが、一方で、新たに計画しているものは、接続できないか多額の増強負担を求められる。電力自由化政策が採られた日本では、発電事業は全面自由競争になっているはずだが、既存と新規の間には差別的な扱いが厳然と存在する。

◆規制と自由の過渡期の対策：日本版コネクト&マネージ

周回遅れの日本で、「先着優先」という考えを維持したままで当面採る対策として打ち出されたのが「日本版コネクト&マネージ」である。とりあえず空容量を捻出するという意味では、やむを得ない措置だと考えられる。早急に技術力を向上させて、欧米並みの価格メカニズムを利用する効率的なシステムを整備するという条件付きではあるが。

この「先着優先」という考え方は、基本的に電力インフラの低利用率を招き、その高いコストを国民が負担することになる。また、新旧の発電事業者による競争を通じて効率化が促され、発電コストが低下する効果の発揮の阻害要因になる。

このような設計の下では、系統の運用は難しくないとも言える。想定を超える災害や気象変動がなければ、系統が混雑することはないからである。しかも、現状では供給力に関しては、多くは旧一般電気事業者の「制御可能な電源」で構成されている。

◆コネクト&マネージ：先着優先の枠組みは変えず、そのルールの中で利用を増やす

再エネ電源の主力化を打ち出したなかで、容量不足が大きな制約となっている送電線は実は空いている、という議論の登場などを背景に、政府は送電線の有効活用を図る対策を打ち出す。それが「日本版コネクト&マネージ」であり、これは「想定潮流の合理化」、「N-1電制」、「ノンファーム型接続」の3方式からなる。基本は、実際の電気の流れ（潮流）に近づけて運用容量を計算し直すものになる。

現状は、超保守的な前提の下に計算をしている。以下再度、簡潔に紹介する（詳細は第3章参照）。

＊需要の時期：最も潮流が大きくなる「最大需要時断面」

＊供給の稼働：計画中を含む全ての電源が最大出力で稼働

＊冗長性の確保：緊急時に備えて送電線、変圧装置を常に1つ分利用

せずに空けておく（N-1運用）

次に、日本版コネクト&マネージの3方式について、前に紹介した内容と一部重なるが簡潔に解説する。

●想定潮流の合理化

この超保守的とも言えるルールを、需給の実態に合わせて緩和する。これが「想定潮流の合理化」である。検討の結果、ベースロードである原子力、一般水力、地熱は従来通り最大出力を継続するが、火力、ベースロード以外の再エネは、実態に合わせて見直すことになった。しかし再エネは、下位系統に繋がりエリアが限定されたものは同時に最大となりうることから、あまり効果は期待できないとされた。

結局、火力発電の実際の利用状況を反映することがメインとなる。工事中、着工準備中を含めて原発は引き続き最大容量でカウントされる。またVREについては風力と太陽光の出力ピークには時間差があるが、この「ならし効果」がどの程度反映されるかは不透明である。

3方式のうちこれが先行し、2018年4月にも導入されるとのことであったが、中部電力が4月に公表して以来、他のエリアで公表されたとの報道は出てこなかった。2018年8月2日に関連の最終ガイドラインなるものが取りまとめられ、ようやく準備が整った。東北電力は、11月26日に発表した。

●N-1電制

事故などによる設備ダウンに対応するために、1回線、1バンク利用せずに待機させているが（これがN-1）、事故発生時には出力抑制（電源制御）することを前提に接続を認めるものとなる。1ルート2回線の設計が多い日本では、全てに適用されれば、その効果は非常に大きい。単純に全てが1ルート2回線とすると接続可能な容量は2倍になる。実績を見ると、事故が発生する確率は非常に低く、運用によっては大きな効果が期待できる。

しかし信頼度維持の視点で厳しい条件が付けられた。ループ状の超高圧送電線は複雑で制御対象が多くなるとの理由で不適用、配電線も効果が限定的であるなどの理由で不適用、1回線当たりの総制御対象電源は10カ所までなどの運用となり、見込まれる空容量増加はそのポテンシャルに対して低い水準に留まることになった。

●ノンファーム型接続

N-1は非常事態に備えて待機している設備を有効利用するもので、事故などが発生した際は、送電会社が了解なしに電源遮断の指示を出すことができる。一方「ノンファーム型接続」は、通常時に発生する混雑を制御することにより、空いている時間帯を有効活用するものとなる。

◆先着優先方式の限界

前述のように、既に系統接続が認められている電源は、電力会社自前の制御可能なものが多い。しかし、自家発電を含む他社の設備が接続されてくると、あるいは、無数の変動性再エネ電源（VRE：Variable Renewable Energy）が増えてくると、系統の運用には工夫が必要になる。従来は、電力会社の中央給電指令所が全て把握し、いざとなれば指示を出す方法であったが、これでは追い付かなくなる。また、配電網に設置される無数の分散型資源は、中央給電指令所からは、そもそもその存在が見えない。

この、従来の先着優先の考え方とそれを前提としたルールの下では、系統の空きがなくなる状況に陥りやすくなる。これを意図的に放置することで、再エネ・VREなどの新規参入をブロックすることさえできる。日本は、まさにこの状況にあると言える。しかし、これは、技術革新にブレーキをかけ、エネルギーシステムの変革で周回遅れを招き、産業の国際競争力に悪影響を及ぼすことになる。

5.1.2　いかにして有効利用を実現するか：オープンアクセス、市場・IoT活用

◆オープンアクセス：市場取引とともに自由競争の前提

誰もが参加できる自由化時代の需給調整は、価格メカニズムを利用する以外にない。発送電が統合された電力会社に属する中央給電指令所が、身内の電源と独占している需要の情報を基に制御するシステムでは対応できなくなる。需給調整は市場取引が担うことになるが、その前提として市場参加者が差別されないこと、情報の透明性が確保されていること、参加者が多く流動性があること、などの環境が整備されていなければならない。これらを備えた卸市場取引所の存在が不可欠になる。また、電力のインフラである送配電線は、誰でも公平にアクセスできることが前提となる。いわゆるオープンアクセスである。VREを含む無数のプレイヤーが存在する状況では、IoT技術がこれを支える。IoTがあるからVREを含み需給調整が可能となる。「周回先行」している欧米では、この工夫を積み上げてきた。技術力とも言える。

◆IoT時代の需給調整とインフラマネジメント

以上のことを、少し補強、展開してみよう。IoT[*1]時代において、先着優先方式に起因する送電設備の低稼働を許容する資産運用（アセットマネジメント）はありうるのか。IoT時代は、情報・データ、通信、コンピュータなどの飛躍的に進んだテクノロジーを利用して、物事を効率化するが、特にアセットの有効利用が中心をなしている。電力だけがこれからかけ離れて非効率な状況に甘んじていいはずがない。電力インフラは、欧米の事例を持ち出すまでもなく、効率的に運用できる。

電力は（実用的なストレージが普及するまでは）常に需要と供給が一致しなければならない。供給量は需要量を超えることはなく、全ての電

1.　IoT：Internet of Things。ここでは、全ての電力機器にセンサーなどを載せインターネットを通じてデータ収集・制御するという意味に加え、その集まった膨大なデータを利用し、潮流・需要などの予測を行う総合的なシステムまでを含めてIoT、IoT時代という表現を使っている。

力設備が同時にフル稼働することはない。ピーク需要時の1割程度は予備力として確保されている。これに停止中の設備や着工準備中などの稼働前の設備も加わる。すなわち、発電設備には需要量をかなり上回る容量が存在する。

また、電力の流れ方（潮流）は、発電設備から需要家へと流れるが、需給契約に基づいてある一定のルートを常に流れるわけではない。その流れ方は物理の法則に従って様々なルートを通るし、それは需要量の変動やルートの抵抗などにより時々刻々変わる。需給契約で明示された発電ポイントから需要ポイントまで一定のルートで流れるわけではないのだ。抵抗の少ないところを、混雑を回避するように流れる。これらのシミュレーションを短いインターバルでできれば、送電線の容量を有効に活用することができ、その利用率は上がる。

そのためには発電、需要、送配電などに関係する膨大なデータが必要であり、それらをコスト最小化などの目的で計算するソフトウェア、アルゴリズムを構築する必要がある。ここにIoTの出番がある。いわゆる「IoTを利用したアセットの有効活用」である。これは無駄な投資を省きネットワーク料金（託送料金）を引き下げることに寄与する。

◆市場で選択された需要と供給を基に時々刻々シミュレーション

これは、時々刻々の需給を反映して量と価格が決まる市場の整備と強い関連を持つ。参加者の誰もが納得する選択は、供給では市場で選ばれた最も低コストの電源で、需要では最も高い価格を提示したものとなる。一定の需給調整エリア（パワープール）のなかで地理的、時間的にインプットされ（供給はインプット、需要はアウトプット）、社会厚生が最大となるような共通のアルゴリズムの下で、潮流計算が行われる。混雑が発生しなければ、予め市場取引で決まった価格と量がそのまま決定となり、混雑が発生する場合は、コストが変わることから、それを前提に再度取引が行われることになる。これは、誰もが納得するルールであり、送電線も最大限活用されるようになる。

このように、送電線の利用は、市場取引と表裏一体の下で判断される。

市場取引が整備され、系統運用が時々刻々の潮流シミュレーションに基づいて行われている欧米では、既に、当たり前のように実施されている。また、これらのシステムが機能する前提として、インフラである送配電網が誰でも公平に利用できる「オープンアクセス」が行き渡っている。日本の先着優先は、文字通り新規参入者が大きなハンディを負うものであり、欧米のようにはなっていない。これは、日本は自由化の基礎ができていないことを意味している。

米国、EUでは、自由化とはオープンアクセスのことであり、20年前に実施されていた。EUでは系統運用（システムオペレート）は送電会社（TSO: Transmission System Operator）、市場運用（マーケットオペレート）は卸電力取引所が担うが、TSOは完全分離（アンバンドリング）されている。米国では約3/4のエリアで、系統運用と市場運用を一元的に行う「独立系統運用機関」（ISO（Independent System Operator））、あるいは、複数の州にまたがる「地域送電機関」（RTO（Regional Transmission Organization））が存在する。ISOなどは、送電線の資産を所有してはいないが、その運用権の委託を受けて中立に運営している。詳しくは次節で解説する。

5.2 米国・EUのオープンアクセス

空容量ゼロ問題は、電力自由化の前提であるオープンアクセスという大きな問題と繋がる。競争環境が整備されていないということである。これは、2020年に予定されている発送電の「法的な分離」が実現したからと言って、必ずしもそれにリンクして達成されるものではない。改革の形は整っても、魂が入らない可能性がある。

この節では、1996年にオープンアクセスを導入した米国、EUについて、最初のステップとしてどのように考えたのか、どのようにして実践することができたのか、発電の自由化はいつから始まったのかなどについて、整理する。

5.2.1 米国の発電自由化とオープンアクセス

◆米国電力産業の構造

ここでは、米国の系統運用（システムオペレート）について、発電自由化の歴史的な経緯を含めてみていく。同国も、電力ユーティリティとして、垂直統合型の電力会社が地域供給を独占していた。日本と異なるのは、民間資本によるIOU（Investors Owned Utilities）、自治体資本によるPOU（Public Owned Utilities）、僻地などにおけるCO-OP、水資源開発などとセットになったテネシー川流域開発公社（TVA：Tennessee Valley Authority）などの連邦機関、発電に特化した独立系発電業者（IPP：Independent Power Producer）など多様な形態となっていることだ。歴史的・地理的な特徴を反映して3000を超すユーティリティ*2が存在する。日本の旧一般電気事業者に類するのはIOUであり、これは約200社存在する。

2. ユーティリティ：電力消費者に対して供給義務を有する事業者。自由化後は配電事業者を指す場合が多い。

◆米国は1980年代に発電自由化

発電の自由化は、カーター政権時代の1978年に成立した公益事業規制政策法（PURPA：Public Utility Regulatory Policy Act）にまで遡る。カーター政権は、石油危機を受けて国産資源の活用を促すとともに、規制緩和を進めた最初の政権であるが、その象徴はPURPAに凝縮される。同法は、認定施設QF（Qualifying Facility）の資格を得た発電設備に関しては、ユーティリティは回避可能費用*3（Avoided-Cost）にて買い取る義務を有するとしている。QFとしては風力、太陽光、地熱、水力などの自然エネルギーに加えてコジェネも対象となっていた。これが従来の電気事業者とは異なる非電力会社（Non-Utility）が発電市場に参入する第一歩となった。

州政府は、この連邦制度を活用して、独自の工夫を加えて運用するようになる。特にカリフォルニア州は力を入れ、長期固定価格による買取を義務付けた。同州ではこの制度を活用することで、大規模風力開発、地熱開発、コジェネ設置などが進んだ。日本の三菱重工の風車も同州に多く設置された。このときに整備された発電設備は、優遇的な扱いが終了し市場での運用を余儀なくされるようになり、独立系発電業者（IPP）として、市場取引にて活動を行うようになる。また最初からIPPとして参入する事業者も増えてきている。これは、現在日本政府が目指している再エネ事業のFIT制度からの自立と似ている。

1980年代後半から始まる規制緩和の流れの中で、IPPは州をまたいだ展開を志向するようになる。こうしたなかで、1992年エネルギー政策法が制定され、卸電力市場を経由する取引が広まり、IPPの州をまたぐ展開も認められるようになった。こうした準備期間を経て、発電事業の自由化、卸市場の活性化を目指す制度が整備されることになる。

---

3. 回避可能費用：その買い取り、調達が行われることで、回避できる費用のこと。供給義務のある既存電力会社は、十分な電源を持っていることから、回避できる費用は燃料の焚き減らし分（使わずに済んだ燃料分）と認識されることが多い。

◆1990年代に本格的な自由化

米国では、1990年に入り、本格的にエネルギーの自由化に取り組むようになる。1992年エネルギー政策法により、連邦エネルギー規制委員会（FERC：Federal Energy Regulatory Commission）の、卸取引とインフラ事業に関係する権限が強まり、発電事業の自由化が進む。米国のエネルギー事業の本格的な自由化は、まずは天然ガス事業から始まったが、その経験を踏まえて、自由化は電力事業に波及する。自由化の主たる対象は発電事業であり、これを活性化するためには卸市場の整備と活用が不可欠となる。これは、連邦政府が小売事業に対する権限がなかったこともあるが、QFやIPPの活動を通じて、既に発電事業への参入と卸市場活用が進んでいたことが背景としてある。また、競争の主要な目的としては、効率化の高まりによるコスト削減、電気料金の低下が挙げられた。

◆FERCが断行したオープンアクセス

筆者は、2018年5月にワシントンDCを訪問し、連邦エネルギー規制委員会（FERC）の新旧関係者や中東部13州の系統運用を行っているPJMの責任者に話を聞く機会があった。米国では、1990年代後半に電力自由化が開始されたが、連邦政府が最初にそして最大限注力したのは送電線利用の公平化であり、これは「オープンアクセス」と称された。

オープンアクセスは、発送電一貫の垂直統合型の電力会社（既存ユーティリティ）の発電部門が独占していた送電線利用権を、第三者にも平等に開放することである。電力取引の中核は卸市場であるが、FERCは、効率的な卸市場を形成するためには、「発電事業の自由化が不可欠であり、それにはオープンアクセスが大前提となる」と考えた。FERCは、卸取引や州をまたがる系統運用に関して法制化できる権限を持つが、これを行使した。効率性向上や消費者メリットなどの効果を広く理解してもらうとともに、送電線の容量に関する情報を収集しその効率的な利用方法を検討した。

◆ストランデッドコスト回収の是認とのパッケージ

既存ユーティリティは強力な抵抗勢力であり、これとの調整が鍵を握った。FERCは、ストランデッドコスト（回収不能費用）の存在を認め、それに対処することを約束した。ストランデッドコストとは発電設備などの所有資産に関し、コスト保証から市場価格にルールが変わることに伴い懸念される回収不足に関係するものである。ルール変更は、事業者の経営ではなく政府の責任という理屈だ。ほとんどの州がFERCの方針に倣ってストランデッドコストに対して理解を示した。

このオープンアクセスとストランデッドコストのパッケージは、ユーティリティを説得する上で大きな効果を発揮した。「結果的には、ユーティリティ側からFERCに対して具体的な費用請求は出てこなかった。ユーティリティも効率化の必要性や自身の事業エリアを超えて活動（販売）できるメリットを理解するようになった」（当時のFERC委員長エリザベス・モラー氏談）。

◆歴史的オーダー888

こうした準備や調整を経て、FERCは、1996年に歴史的なオーダー888と889を同時に発した。888は送電の運用部分を切り離して機能分離すること、ISOの創設を奨励することを謳っている。目的は、全ての発電事業者について接続、費用負担、情報共有に関する差別を取り払うことである。889は、送電情報に関わる共通システムの構築と全ての関係者が情報に公平にアクセスできることを担保するものとなる。まさに、現在日本で問題になっている系統制約に関わる論点である。FERC本体が入居しているビルは、ワシントンDCにあるが、その番地は888であり、同名のオーダーがFERCの象徴になっている。また同組織のプライドを窺わせる（図5-1）。

図5-1　ワシントンDCのFERC本部

5.2.2　EUの自由化とオープンアクセス

◆EUのオープンアクセス対策はアンバンドリング

EUも同様に、電力自由化を実現していくための要がオープンアクセスと捉えていた。米国と異なるのは、アンバンドリング（発送電分離）を行ったことである。米国に比べて、欧州の電力会社は国営の場合が多く、政策として分離を断行しやすかった。これは、かなりの数の民間事業者から成る米国の産業構造と異なるところである。

欧州の電力自由化の歴史は比較的長い。1990年代前半には圧倒的な水力発電設備を有するノルウェーが、その季節的な過不足を利用して卸市場を整備したことに始まる。垂直統合型の国営電力会社を分割民営化した英国がそれに続く。これが欧州大陸に飛び火する形で、EU指令に基づき、自由化制度が整備されていく。

◆1996年自由化指令が発端

欧州では、EU委員会の提言に基づき、3次にわたる電力自由化指令が段階的に出される。第1次指令は1996年に出され、小売りは2003年までに3分の1自由化、送配電を分離・独立させるアンバンドリングは会計分離と機能分離が求められた。第2次指令は2003年に出され、小売りは2007年7月までに全面自由化、送電アンバンドリングは法的分離が求められた。第3次指令は2009年に出され、送電アンバンドリングは所有分離、運用分離（ISO）、厳格な法的分離（ITO: Independent Transmission

Operator）のいずれかを選択することが求められた。アンバンドリングは、当初より所有分離を目指すものとされていたが、結局それに集約されていく。いずれにしても、1996年はEU自由化元年として歴史的な節目となる。

◆自由化と温暖化対策が再エネ普及を後押し

第3次指令が出された2009年は、EUの環境・エネルギー政策を考える上で重要な節目となった年でもある。同年は、11月のラクイラG8サミットにて、そして12月のコペンハーゲンCOP15にて先進国が2050年までに8割以上の温室効果ガス（GHG：Greenhouse Gas）削減を約束した。EUは公約を守るべくCO_2削減に真剣に取り組んでいくが、再エネ普及と省エネ推進を対策の柱に据える。2020年を目標にGHG20%削減、再エネ比率20%、省エネ20%実施のいわゆる「トリプル20」を定めた。各加盟国に対しては、全体として目標を実現できるように、その実情に応じて達成すべき数値目標を提示した。喧々諤々議論し、論点を明確にし、決まったことは確実に実行するのがEU流である。

再エネ普及のための対策の骨格も指令に定める。FITなどの支援策に加えて、系統への優先接続、系統運用上の優先給電を原則とする。系統接続であるが、既にオープンアクセスは自由化指令で実施済みであり、プラスアルファの施策となる。また、ドイツでは混雑による接続拒否はできないことが法律に明記されている。優先給電であるが、法令化するまでもなく市場取引を通じて実現される。電力卸取引所にて運営されるスポット取引（前日取引）では、限界コストの低い電源から落札されるが、燃料コストゼロの再エネは優先的に給電されることになる。

また、送配電線の増強投資負担は、基本的に一般負担となる。特定の事業者に送配電線の増強投資を負担させる場合は、その後に参入する事業者が無料で使用できるなど不公平となる（フリーライド問題）。送配電ネットワークはできてしまえば誰でも使える。ちなみに日本では、空容量がなくなった時点での申込者が負担するが、その後3年以内の参入者は負担者に加わるという3年ルールとなっている。3年経過後の参入者は、フリーで使用できる。

◆欧米は1996年にオープンアクセスを整備

このように電力自由化は、1990年代に始まった。基礎となる送電線へのオープンアクセスは、EUはアンバンドリングという形で1996年の第1次自由化指令に盛り込まれた。米国はやはり1996年にFERCのオーダー888にて義務化され、系統運用のISOへの委託が推奨された。ISO・RTOは次第に拡張し現在は需要の3/4を占めるに至っている（図5-2）。

図5-2　米国の独立系統運用機関（ISO）

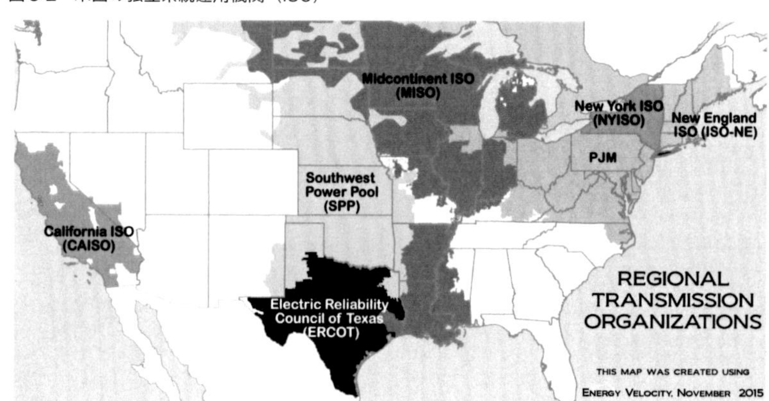

出所：FERC

日本は、1996年に発電の、2000年に小売りの部分自由化が始まったが、発送電分離は見送られた。すなわちオープンアクセスは先送りされた。そして2020年に送電部門を法的に分離するというスケジュールは決まった。日本では、EUと同様に別会社方式が採用されたが、法的分離に留まり、その実現は2020年まで待たなければならない。EUは基本的に所有分離である。所有分離が行われない日本で、2020年以降、法的分離された送電会社が完全に中立になるのか、電源は既存・新規に関わらずオープンアクセスが保証されるのかは不透明なままである。

そうしたなかで空容量ゼロ問題が発生し、自由化の基礎となるオープンアクセスの問題がようやく議論の俎上に載った。欧米に遅れること20年超である。形の上では、1996年にIPPとしての発電事業への参入、2016年4月より小売りの全面自由化が始まっているが、魂は入っていなかった。送電線空容量問題は、真の自由化とは何かという命題を突き付けたと言える。

系統接続問題について、欧米には20年を超える議論と実現のノウハウがある。日本はそれを追いオープンアクセスに待ったなしで取り組まなければならない。そしてそれは再エネ普及、接続問題にだけ留まるものではなく、世界共通のシステムとなった「自由化」の基盤構築を意味するものとなる。

5.3　日本で発電事業は自由化されているのか

欧米では、電力の自由化で発電事業を重視した。大手電力会社以外にも発電事業を行いうる環境を整えてきたし、実績も積まれていた。翻って日本を見ると、発電設備は電力会社（電気事業者）以外にも自家発電、再エネ・コジェネなど分散型電源、電気事業用に卸供給する電源などの設備が設置されてきた。これらは欧米のように、発電自由化での取引市場整備への圧力とならなかったのだろうか。そもそも日本での発電の自由化はいつ始まったのだろうか。ここでは、こうした問題に切り込む。そして未だにオープンアクセスへの見通しが立っていない日本の政策を振り返る。

5.3.1　はじめに：発電事業と系統接続

◆接続問題の本質は発電事業自由化を阻害していること

これまで何回か述べてきたが、系統接続の本質的な問題は、接続済みである「既存発電設備」とこれから接続をしようとする「新規参入発電設備」とで著しい不公平があることだ。電力用語で言う系統への「オープンアクセス」が未済なのだ。議論をしてこなかったと言ってもいい。発送電分離（アンバンドリング）は2020年に「法的分離」という形で実施される予定であるが、本来これはオープンアクセスを実現するための手段と言ってもいい。EUはこのアンバンドリング方式である（所有分離だが）。米国はISO方式で系統計画・運用の権限を第三者独立機関（ISO）に移管する方式を採った。

◆発電事業の自由化について

翻って我が国を見ると、電力事業は自由化したのではなかったのか。

2016年4月に「全面自由化」したことにはなっている。しかしこれは「小売り自由化」であり、2001年より大口から段階的に自由化を進めて、2016年に全面に至ったものだ。小売りは、電力という商品を仕入れてあるいは自身で作って、需要家に販売する事業である。自由化の主目的の一つには、効率化を通じて電力価格を下げることにあるが、商品の価格が下がることが基本となる。これは、商品の製造コストを下げることが最大の眼目となるはずだ。すなわち、発電事業の自由化が重要であり、その競争環境整備が不可欠になる。環境整備としては、インフラ利用の中立、卸取引所の整備を実現することであり、欧米の自由化を見ても、そういう段取りとなっている。

5.3.2 IPPは既存システムの補完

◆IPPは電力会社との長期相対契約

では、日本では、発電事業はいつどのように自由化されたのか。一般的には、1995年の第1次自由化措置を受けて、1996年に電気事業者以外からの「発電事業への参入が自由化」されたことを指すであろう。電気事業が専業でない事業者も、一般電気事業者向けに販売契約を締結できるようになった。この事業者は卸供給事業者あるいは独立系発電事業者（IPP: Independent Power Producer）と称され、一定規模以上の火力発電については、個々の電力会社がベース、ミドル、ピークの用途別に分けて入札を実施した。

当時は小売り自由化前で、電力会社（一般電気事業者）は全面的に供給義務があり、その設備投資は総括原価方式によるコスト回収が認められていた。IPPは、この仕組みを補完する存在であり、電力会社との間で総括原価方式にて供給義務を負う契約内容となっていた。これは「卸規定」と称される。参入は認められ、投資回収は保証されていたとも言える。参入者の多くは、鉄鋼、石油などエネルギー多消費型産業であった。自家発電施設建設・運営の経験があり、燃料調達を実施しており、副生や未利用の余剰燃料を有し、低コストで発電を行える資質を持っていた。遊休地を含めて資産やエネルギーの有効利用ができ、事業化によるメリットがあると考えられた。折しも、円高不況に悩まされていた製造業にとっては、素材型産業の多角化の柱としても期待された。

◆卸規定に従う、既存システムの枠内

一方で、IPPは、電力専業者に独占されていた発電事業に参入できるとは言え、一般電気事業者以外に販売の自由はなく、総括原価の枠内での運営であった。電力会社のコントロール下に置かれていた状況で、電力会社が開発するはずの火力発電設備の一部を低コストで代替させられたとも言える。売買契約に基づいてベース、ミドル、ピークという分類に従った指令を受けることになる。中央給電指令方式においても、通常はコストの低い電源を優先して稼働させる（ベース、ミドル、ピークの順にコストは高くなる）。これは市場取引のメリットオーダー機能と同一であるが、必ずしもその原則通りではなかったようだ。電力会社の自前の電源の都合を優先して運用（指令）されるときもあったとの話も聞く。当時、電力卸取引所は存在せず（設立は2003年）、小売り自由化前であることから、やむをえなかった面もある。

いずれにしても、他産業からの参入が認められ、遊休資産や余剰燃料を利用して実現したコストはかなり低く、電力コストを下げる要因となった。しかし、事業の自由度は低く、入札の規模、条件、回数などに関し不透明な要素もあり、持続可能なシステムとは言えなかった。系統へのオープンアクセスは議論にならず、また「電力火力肩代わり」の性格からは、系統制約が生じることは予想されなかったと思われる。51年振りの電気事業法改正を伴う大改革、との謳い文句であったが、世界のトレンドの中では既存制度の補完・微修正に過ぎなかった。前述のように、奇しくも1996年は米国、EUはオープンアクセスを担保するオーダーや指令が発行された年である。

卸供給と一般電気事業者（一電）との紐付き契約を担保する「卸規定」は、小売りが全面自由化となる2016年3月まで続くことになる。小売りを段階的に自由化していくアプローチは、「卸規定」の存続（温存）を生

み、発電事業者の自由な活動を抑制する役割を果たした。発電から自由化するアプローチと逆方向と言える。

5.3.3　自家発電とコジェネは余剰買い取り

◆自家発電は系統への供給力ではない

自家発電やコジェネはどうか。米国では1978年に導入されたPURPAにより、再エネやコジェネの発電事業参入が実現している。素材型などのエネルギー多消費型産業は、その工程に自家発電が組み込まれており、排熱・排ガスを利用するいわゆる「省エネ投資」も積極的に実施されてきた。その後、1980年代後半から2000年代前半までは原油価格がバレル当たり20ドル前後で推移し、火力発電やコジェネが自家発電として広く普及した。3.11大震災時、自家発電は総発電容量の約1割を占めるまでになっており、太平洋側の商業用発電所設備が壊滅するなかで、その有効利用が議論になったことは記憶に新しい。

一方で、電力会社の発電コストは、資本費を要する石油代替電源に政策要請を受けて巨額の投資を実施していたことから、高くなってきていた。自家発電の競争力が高まった時代である。しかし、あくまで「自家発電」であり、事業としての販売は認められておらず、わずかに「自家発余剰電力」として、電力会社がコスト見合いの名目で引き取る場合もあった。

コジェネに関しては、ライバルのガス会社の商品であること、また熱需要との兼ね合いで発電量が予測しにくいという理由もあり、余剰電力の引き取りは制約が大きかった。このため系統へのアクセス（逆潮流）は、しばらくは認められなかった。1996年に発電事業への参入が認められたが、前述のように制約があり、エネルギー多消費型産業のような低コスト生産が見込める事業者以外は、関係は薄かった。

自家発電は、余剰電力の扱いが難しく（系統へのfeed-inは制約があり）、事業所全体の最小需要に収まる規模となる場合が多かった。故障や定期検査のときは系統からバックアップ電力を購入する必要がある。そのために要する基本契約負担が大きく、低燃料費による自家発電のメリットがかなり相殺される。要するに、自家発電を持ちにくいような制度となっていた。

5.3.4　PPS（新電力）は発電事業自由化の始まり

2001年には小売りの部分自由化が始まった。このときに登場したのが特定規模電気供給事業者（PPS：Power Producer & Supplier）である。名称が分かりにくいため、2013年以降は新電力と称されるようになった。

電力小売事業への新規参入者の調達電力は、自社開発、自家発余剰電力などの購入、卸電力取引所からの調達による。自社開発電源は、販売先が一般電気事業者に限定されるIPPとは異なる、誰にでも販売できる発電事業の登場という意味で、初めて発電事業が自由化されたとも言える。2003年には十分に整備されたとはいないものの電力卸取引所も開設された。しかし、小売りとしてのPPSは大口需要家限定、需要と供給の乖離を30分で3%以内に収める同時同量義務、それを外したときの高いペナルティ、託送料金の負担、卸電力市場の未整備など多くの制約があり、厳しい事業環境で小さいシェアに留まることになる。前述の「卸規定」も2016年3月末まで残る。

発電事業は、やはり卸市場の未整備、同時同量の制約などにより制約が強かった。参入者も燃料調達や自家発電の経験を有するエネルギー多消費型産業、石油・ガスなどのほかのエネルギー産業が中心となった。系統を公平に使えるオープンアクセスの議論は、日本ではなされなかった。新規参入は、エネルギーに関連の強い会社が多く、「電力業界に理解の深い」事業者であることも、制度改革要求を声高に唱えにくい要因だと考えられる。これは、やはり自由化とは言いにくい。

5.3.5　再エネが発電事業を牽引

◆再エネ等分散電源は自家発余剰で引き取り

再エネ等分散電源はどうか。その接続は、長らく自家発余剰電力引き取りの枠組みの中で、電力会社の自主的な取り組みとして認められてきた。再エネは地球温暖化問題もあり、1990年代から普及に向けた政策が取られてはいたが、制度的な位置付けは弱く、電力会社の「自発的な協力」に基づく余剰電力買い取りとして位置付けられていた。余剰電力購入は燃料焚き減らし効果があるとの考えはあったかもしれないが、その時々の判断で引き取られていたと思われる。市場に売るのではなく、電力会社に引き取ってもらう。状況により、電力会社により様々であるが、燃料節約の価値相当との考え方の下、原油価格が20ドル前後で推移していた状況では、3円程度であったようだ。現状、卸市場価格が10円前後で推移していることを考えると、非常に安かったと思われる。

◆再エネ普及の足かせなったRPS

2004年に導入されたRPS（Renewables Portfolio Standard）はどうか。米国では1978年に導入されたPURPAにより、再エネやコジェネの発電事業参入が実現しており、その後のIPPの隆盛の契機となっている。電力会社がある一定の範囲で引き取り義務を負うことが法制化されたという意味で、新規参入者に大きなインセンティブを与えるものである。第三セクターを含む自治体営には5割、民間事業者には1/3の補助金も用意された。エネルギーの価値に環境的な価値（RPS価値）も加わることから、余剰引き取りに比べて販売単価は魅力的になった。数円から10円程度に引き上がった。当時、再エネ開発を考えている事業者からはRPS制度に対する期待は大きかった。しかし、買取義務量が販売電力量の1.35%と非常に低く、また事後的に既存のごみ発電もカウントされるなど、新規開発量はさらに制約を受けることになった。

この制約の中で、電力会社の圧倒的な買い手市場となり、エネルギー価値としての価格は低迷し（買い叩かれ）、RPS価値と称する環境価値は不透明な決まり方となった。RPSは再エネ種類ごとの枠はなく、全体を通した競争であったから、相対的にコスト競争力のある風力開発促進のための制度となった。しかし、風力発電にとっては、制度は改悪であった。直前の支援制度は、電力会社のボランタリーな取り組みではあるが、15～20年で10数円の固定価格での買取と投資補助を組み合わせた制度であり、これにより日本の風力発電事業は採算が見込めるようになり、最初の建設ブームが起きた。筆者は、当時金融機関の担当課長として、実際の融資業務に携わった。

しかし、RPS導入により、むしろ支援力は弱まってしまった。このRPS時代に建設された設備は、利益水準が低いものが多い。いずれにしても、買い取り先はPPSを含む電力会社であり、引き取り量には制約があった。需給調整や系統制約の影響を及ぼさない範囲であった。

◆FITにより発電自由化時代が到来

FITはどうか。これは、買取価格が利益を出しうる水準に固定され、かつ開発量に制約がないことから、発電事業の新規参入にとっては、非常に魅力的な制度である。小売り全面自由化や電力システム改革の実施とも相まって、実質的に初めて幅広い分野の事業者が発電事業に参入できる機会が提供されたと言える。日本版RPSのような開発量（引き取り量）の制約は小さく、電力会社のコントロールを受けにくい。不十分ではあるが2030年時点で電力消費に占める再エネの割合22～24％という国家目標もある。議論のあるところではあるが、当初の魅力的なFIT価格は、多くの参入を生み再エネ電源の蓄積が進んだ。原則送電会社が引き取りスポット市場へ販売することで、市場整備にも寄与する。

FITは、原則送電会社引き取りであるが、当初は小売会社との契約であったし、その後も小売りとの直接契約を選択できる。

5.4　オープンアクセスは自由化、再エネ推進の基盤

発電事業自由化の経緯を振り返ってみた。遅々としてではあるが競争環境を整えてきてはいる。小売り全面自由化となった2016年4月を機に、卸供給と一般電気事業者（一電）との総括原価方式に基づく契約を担保する「卸規定」が廃止となり、自由度は増した。しかし、送電線利用では、未だにオープンアクセスにはなっていない。

◆空容量ゼロは競争環境未整備を意味する

系統制約問題は、エリア内需給維持問題にしても個々の送電線空容量ゼロ問題にしても、わが国特有の特徴がある。新規参入者に対して厳しいという点である。「先着優先」という思想は、発送電一体、投資は確実に回収できるとする総括原価方式の思想が色濃く残っている証しでもある。系統との接続契約を結んでいれば、定格出力までいつでも送電線を利用できる権利を持っている。換言すると、発電事業は競争的な環境下にないと言える。

日本は、形の上では2016年4月に小売りは家庭まで「全面自由化」された。発電は、1996年に電気事業者以外の発電事業参入が認められ、2001年には新電力（PPS）が登場した。最終需要家向けに供給する小売事業への新規参入者として脚光を浴びるが、一般電気事業者以外にも販売しうる卸売り事業者でもある。2012年に導入されたFITにより多数の再エネ発電事業者が登場した。前述のとおり2017年の全面自由化により旧一般電気事業者発電会社に総括原価にて供給する「卸規定」はなくなった。

◆全面自由化から完全自由化へ

しかし、「完全自由化」にはなっていない。電力インフラである送配電

事業は旧一般電気事業者の一部であり、その独立は2020年の送配電部門の法的分離を待つ必要がある。法的に分離されたとしても発電や小売りとの資本関係は残り、完全に中立になるかの保証はない。また、完全中立になったとしても、現行の「先着優先」が解消される保証はない。先行して接続契約を結んでいる発電事業者は優先してインフラを使用できる既得権を持ち続けるとしたら、これは競争環境にあるとは言えない。新規参入者の契約を妨げる空容量ゼロ問題が残っているからだ。

◆オープンアクセスが政策課題を克服する

IEA（国際エネルギー機関）の予測を持ち出すまでもなく、世界の長期トレンドは再エネである。世界的に見れば、電源開発の純増分の少なくとも3/4程度は再エネとなる。世界がこのようななかで日本に送電線の先着優先ルールが残り続けば、今後の電源開発を主軸となる再エネ投資は滞り、世界のトレンドから取り残されることになる。そして国家としても、大気温度上昇を1.5℃～2℃に抑える目標のパリ協定の遵守は不可能になる。

再エネ投資だけではない。再エネの時代は変動性を調整する柔軟性（フレキシビリティ）の役割が重要になる。これには運転の柔軟性に優れる新規の火力発電などの設備投資が不可欠になる。これもまた阻害されることになる新しい投資である。先着優先の考え方は、旧来技術を温存し新規技術を妨害する役割を果たす。

こうして様々な技術開発が阻害され、国全体の競争力喪失の要因となっていく。空容量ゼロ問題は、単なる再エネ普及阻害要因として捉えるのでは不十分で、競争環境整備の遅れを象徴するものとして捉え、早急に解消する必要がある。欧米は22年前にオープンアクセスを実践しており、今さらの感もあるが、既にあるノウハウを利用できると前向きに捉え、早急に実施していく以外に方策はない。遅ればせながら、ストランデッドコスト対策にも向かい合い、既得権限解消に取り組むことが重要になる。

終わりに：ストランデッドコストとストランデッドアセット

筆者は、約20年前の2000年前後に旧日本開発銀行で電力融資の担当課長であった。当時の最大の問題は、自由化問題だった。1996年には発電自由化の先駆けと言われるIPP制度が生まれていた。自由化と言っても総括原価方式に組み込まれており、予定通りに運転できれば回収は保証されていた。IPPに参入する事業者も素材型大手事業者であり、金融的にはリスクが小さい事業であった。

1999年に一部にせよ小売り自由化が決まり、2001年から実施されたが、電力業界の危機意識は強かった。最大の話題は当時市場取引、金融取引のノウハウを駆使しライトアセットモデルで世界を席巻しつつあったエンロンの日本進出であった。電力業界は同社を本気で恐れ、懸命に自由化について勉強した。筆者は、電力会社、ガス会社、金融機関と一緒に設置した勉強会の事務局を務めていた。そのときに最初に覚えた言葉の一つが「ストランデッドコスト」である。自由化で先行している米国の事例を勉強した際に登場したキーワードである。

ストランデッドコストは回収不能費用と訳す。自由化前は、電力ユーティリティの実施する設備投資は、総括原価方式により回収が約束されていた。しかし、自由化実施後になると、販売価格は市場で決まるようになり、必ずしも回収は保証されない。「回収不能となるリスクは、政策変更により生じるもので経営の責任ではない」と、電力ユーティリティは強く主張した。連邦政府はこれを認めて、自由化（送電線開放、オープンアクセス）とストランデッドコスト補償をパッケージにすることで、ユーティリティの了解を取り付けた。これが決まったのが1996年である。

日本は、いまなおオープンアクセスではなく、ストランデッドコストの議論もこれまで正面切ってなされていない（導入が決まっている「容量市場」や「ベースロード電源市場」は、「市場」との名称がついているが、ストランデッドコスト回収メカニズムとも言える）。日本も自由化政策を始めて長いのだが、肝心なところは先送りしてきた。再エネの時代が到来しこれから普及しようという最中に生じたのが空容量ゼロ問題であるが、これは既存発電設備が送電線の利用を優先できることに起因する。この問題の根は自由化のけじめをつけてこなかったところにある。2020年に発送電分離が予定されており、遅くともこの時点ではオープンアクセスになっていなければならない。

最近は、ストランデッドアセット（座礁資産）という言葉の方がなじみになってきている。石油などの化石資源の価値が予定よりも下がり、巨額の回収不能が発生するというものである。大気温度を1.5～2℃の上昇に収めるとの前提で利用できる化石燃料の量を逆算すると、利用できずに余る資源の量が出てくる。これを座礁資産と称する。電力自由化開始時の議論を知っている者にとって、ストランデッドという言葉は懐かしい響きを持つ。

日本の場合は、既存の大規模発電設備は、厳しい時期を迎えている。2000年当時は、まだ再生可能エネルギーの普及は見えていなかった。そのころに自由化のけじめをつけず先送りしているうちに、再エネ普及の時代という次の大波がやってきて、同時に対応せざるをえないことになった。本格的な自由化を先延ばししてきた付けが回った。自業自得とも言えるのではないか。

「送電線の空容量問題」は、単に再エネ普及の制約になっているだけではない。先着優先の枠組みの中で、送電線の使える量を少し増やせば済む問題では全くない。自由競争、価格調整という世界標準のモデルが機能するシステムを遅ればせながら構築しなければならない、という問題である。

本書により、このような問題意識が多くの方に伝わり、自由化や再エネ普及の遅れを挽回するためのささやかな契機になれば、望外の幸せである。

2018年12月

山家 公雄

参考文献

・「第5次エネルギー基本計画」 資源エネルギー庁　2018年
・「再生可能エネルギー大量導入・次世代電力ネットワーク小委員会資料」 資源エネルギー庁　2018年
・「広域系統整備委員会資料」 電力広域的運営推進機関　2017年、2018年
・「送配電網の維持・運用費用の負担の在り方検討ワーキング・グループ中間とりまとめ」 電力・ガス取引監視等委員会　2018年6月
・東北電力HP
・山形県HP
・「第5次エネルギー基本計画を読み解く　－その欠陥とあるべきエネルギー政策の姿」 山家公雄著　2018年　インプレスR&D
・「再生可能エネルギー政策の国際比較　－日本変革のために－」 植田和弘／山家公雄編著　2017年　京都大学学術出版会
・「アメリカの電力革命」 山家公雄編著　2017年　エネルギーフォーラム
・「ドイツエネルギー変革の真実」 山家公雄著　2015年　エネルギーフォーラム
・「オバマのグリーンニューディール」 山家公雄著　2009年　日本経済新聞社
・「北米大停電 現代版南北戦争の視点」 山家公雄著　2004年　日本電気協会新聞部
・「電力自由化のリスクとチャンス」 山家公雄著　2001年　エネルギーフォーラム
・「送電線は行列のできるガラガラのそば屋さん？」 安田陽著　2018年　インプレスR&D
・「欧米の電力システム改革　－基本となる哲学－」 内藤克彦著　2018年　化学工業日報社
・「発送分離は切り札か　－電力システムの構造改革－」 山田光著　2012年　日本評論社

・「役割が広がる日本電力卸取引市場」 國松亮一　2017年　京都大学再生可能エネルギー経済学講座シンポジウム講演資料
・「空容量問題再考：広域機関3/12資料の解釈」 山家公雄　2018年　京都大学再生可能エネルギー経済学講座コラム
・「送電線投資は誰が負担するか－東北北部エリア募集プロセスへの疑問－」 山家公雄　2018年　京都大学再生可能エネルギー経済学講座コラム
・「送電線利用率20％は低いのか高いのか－政府等説明への疑問－」 山家公雄　2018年　京都大学再生可能エネルギー経済学講座コラム
・「送電線空容量および利用率全国調査速報１～３」 安田陽　2018年　京都大学再生可能エネルギー経済学講座コラム
・「更に、系統空容量問題を考える」 山家公雄　2017年　京都大学再生可能エネルギー経済学講座コラム
・「解説、送電線に空容量は本当にないのか？」 山家公雄　2017年　京都大学再生可能エネルギー経済学講座コラム
・「送電線に「空容量」は本当にないのか？　１、２」 安田陽／山家公雄　2017年　京都大学再生可能エネルギー経済学講座コラム

著者紹介

山家 公雄（やまか きみお）

エネルギー戦略研究所所長、京都大学大学院経済学研究科特任教授、豊田合成（株）取締役、山形県総合エネルギーアドバイザー。

1956年山形県生まれ。1980年東京大学経済学部卒業後、日本開発銀行（現日本政策投資銀行）入行。電力、物流、鉄鋼、食品業界などの担当を経て、環境・エネルギー部次長、調査部審議役などに就任。融資、調査、海外業務などの経験から、政策的、国際的およびプロジェクト的な視点から総合的に環境・エネルギー政策を注視し続けてきた。2009年からエネルギー戦略研究所所長。

主な著作として、「「第5次エネルギー基本計画」を読み解く」（インプレスR&D）、「アメリカの電力革命」、「日本海風力開発構想―風を使い地域を切り拓く」、「再生可能エネルギーの真実」、「ドイツエネルギー変革の真実」（以上、エネルギーフォーラム）、「オバマのグリーン・ニューディール」（日本経済新聞出版社）、「再生可能エネルギー政策の国際比較」（編著、京都大学学術出版会）など。

◎本書スタッフ
アートディレクター/装丁： 岡田 章志＋GY
編集協力： 須藤 晶子
デジタル編集： 栗原 翔

●本書の内容についてのお問い合わせ先
株式会社インプレスR&D　メール窓口
np-info@impress.co.jp
件名に「『本書名』問い合わせ係」と明記してお送りください。
電話やFAX、郵便でのご質問にはお答えできません。返信までには、しばらくお時間をいただく場合があります。
なお、本書の範囲を超えるご質問にはお答えしかねますので、あらかじめご了承ください。
また、本書の内容についてはNextPublishingオフィシャルWebサイトにて情報を公開しております。
https://nextpublishing.jp/

●落丁・乱丁本はお手数ですが、インプレスカスタマーセンターまでお送りください。送料弊社負担にてお取り替えさせていただきます。但し、古書店で購入されたものについてはお取り替えできません。
■読者の窓口
インプレスカスタマーセンター
〒101-0051
東京都千代田区神田神保町一丁目105番地
TEL 03-6837-5016／FAX 03-6837-5023
info@impress.co.jp
■書店／販売店のご注文窓口
株式会社インプレス受注センター
TEL 048-449-8040／FAX 048-449-8041

送電線空容量ゼロ問題
電力は自由化されていない

2018年12月28日　初版発行Ver.1.0（PDF版）

著　者　山家 公雄
編集人　宇津 宏
発行人　井芹 昌信
発　行　株式会社インプレスR&D
〒101-0051
東京都千代田区神田神保町一丁目105番地
https://nextpublishing.jp/
発　売　株式会社インプレス
〒101-0051　東京都千代田区神田神保町一丁目105番地

印刷・製本　京葉流通倉庫株式会社
Printed in Japan

ISBN978-4-8443-9890-5

NextPublishing®

●本書はNextPublishingメソッドによって発行されています。
NextPublishingメソッドは株式会社インプレスR&Dが開発した、電子書籍と印刷書籍を同時発行できるデジタルファースト型の新出版方式です。 https://nextpublishing.jp/